高等学校"互联网+"新形态教材

概率论与数理统计
同步练习与测试

主　编　费锡仙
副主编　彭峰集　张水坤　李翰芳
参　编　贺方超　陈　洁　李逢高
　　　　常　涛　刘　磊　李子强
　　　　万祥兰　张凯凡　熊淑艳

中国水利水电出版社
www.waterpub.com.cn
·北京·

内 容 提 要

本书是与李子强、黄斌主编的《概率论与数理统计教程》（第四版，科学出版社出版）配套的学习辅导书，内容包括：概率论的基本概念、一维和多维随机变量及其分布、随机变量的数字特征、大数定律与中心极限定理、数理统计的基本概念、参数估计和假设检验。此次编写主要以主观题目为主，并增加了近年考研真题，重在考查学生运用概率统计思想观察分析随机现象的能力、运用概率统计工具正确合理地解决具有统计规律性的随机问题的能力、对计算结果进行科学合理解释的能力、书面表达能力。为了响应教育部的要求及适应新形势下网络课程建设的要求，书中配套编写了每节的客观题（单选题），同步在网上发放与实时测试，这些客观题与习题集里的主观题没有重复，互为补充。

本书按照教材章节对应编写，共分 8 章，各章均由同步练习、自测题构成，书后附有 4 套湖北工业大学近几年的期末考试真题，并给出练习、自测题的参考答案及期末考试真题的参考答案及评分标准。

本书适合理科类、工科类及经管类本科学生使用，也是考研学生进行概率统计课程复习的首选，同时对从事本课程教学的教师也具有一定的借鉴和参考价值。

图书在版编目（CIP）数据

概率论与数理统计同步练习与测试/费锡仙主编.
—北京：中国水利水电出版社，2021.1（2025.2重印）.
高等学校"互联网+"新形态教材
ISBN 978-7-5170-8828-8

Ⅰ.①概… Ⅱ.①费… Ⅲ.①概率论—高等学校—习题集②数理统计—高等学校—习题集 Ⅳ.①O21-44

中国版本图书馆 CIP 数据核字（2020）第 167838 号

书　　名	高等学校"互联网+"新形态教材 概率论与数理统计同步练习与测试 GAILÜLUN YU SHULI TONGJI TONGBU LIANXI YU CESHI
作　　者	主　编　费锡仙 副主编　彭峰集　张水坤　李翰芳
出版发行	中国水利水电出版社 （北京市海淀区玉渊潭南路 1 号 D 座　100038） 网址：www.waterpub.com.cn E-mail：zhiboshangchu@163.com 电话：（010）62572966-2205/2266/2201（营销中心）
经　　售	北京科水图书销售有限公司 电话：（010）68545874、63202643 全国各地新华书店和相关出版物销售网点
排　　版	京华图文制作有限公司
印　　刷	北京富博印刷有限公司
规　　格	185mm×260mm　16 开本　10.25 印张　252 千字
版　　次	2021 年 1 月第 1 版　2025 年 2 月第 4 次印刷
印　　数	6001—7000册
定　　价	35.00 元

前　言

《概率论与数理统计同步练习与测试》是与《概率论与数理统计教程》（第四版，李子强、黄斌主编，科学出版社出版）各章节相配套，适合理科类、工科类及经管类本科学生使用的课后练习册。所有题目都是编者在多年的教学经验指引下，经过严格筛选和编排的。题目类型主要以填空、计算、证明和综合题等主观题为主，除了注重基本概念的理解与考查外，还注重引导读者理解和运用概率统计思想及方法去分析和解决一些具有统计规律性的随机现象问题。对于历年来的一些概率统计考研题也有筛选并融入了对应知识点的练习里，有适当的引导与提示，让读者能循序渐进。书后还给了四套期末考试试题、参考答案及评分标准，让读者明白如何规范答题。对于每节的知识点，编者也配备了一定量的客观题（单选题）在课程网络平台里同步发放，便于读者网上实时检测，这些客观题与习题集里的主观题没有重复，互为补充。如何有效地掌握概率统计课程里的思想和精髓，一本好的教材是关键，而有针对性的习题训练也是必不可少的。编者希望读者通过对本习题集的使用，能够真正获得一些有效、有益的锻炼与提高。

本习题集由费锡仙担任主编，彭峰集、张水坤、李翰芳担任副主编，具体编写分工为：第 1 章（费锡仙），第 2、3 章（张水坤），第 4、5 章（李翰芳），第 6、7 章（彭峰集），第 8 章（贺方超、费锡仙），期末考试试卷（贺方超、陈洁、彭峰集、费锡仙）。此外李逢高、常涛、方瑛、熊淑艳、万祥兰、左玲参与了自测题和答案的编写与整理工作，最后由费锡仙统稿并定稿。最后，感谢湖北工业大学理学院数学课部的全体教师对本书提出了宝贵的修改意见。

由于编者水平有限，书中疏漏和错误在所难免，恳请同行和读者不吝指正，以便今后更加完善，编者将不胜感激。

编　者

2020 年 12 月

目　　录

第1章 概率论的基本概念

§1.1 随机事件与样本空间

一、填空题

1. 设 A，B，C 为三个随机事件，用 A，B，C 的运算关系表示：

(1) 事件"A，B，C 至少有一个发生"为_____.

(2) 事件"A，B，C 恰好有一个发生"为_____.

(3) 事件"A，B，C 都不发生"为_____.

2. 某段路上有两个红绿信号灯，观察某小车有可能遇到的这两个信号灯的情况，则样本空间 $\Omega = $ _____.

3. 射击用的靶子是直径为 R 的圆盘，假设每次射击均能中靶，现射击一次，记录子弹着点的位置，则样本空间 $\Omega = $ _____.

4. 掷甲、乙两枚均匀的骰子，则甲、乙点数之和为 8 的所有可能结果为 $\Omega = $ _____.

5. 桌上有三张分别写着 1、2 和 6 的卡片，观察这三张卡片能够形成的三位数的情况，则样本空间里元素的个数是_____.

题5

6. （考研）已知 $(A \cup \overline{X})(\overline{A} \cup X) \cup \overline{\overline{A} \cup \overline{X}} \cup \overline{\overline{A} \cup X} = B$，则 $X = $ _____.

题6

7. （考研）已知设随机事件 A，B 满足条件 $A \cup C = B \cup C$ 和 $C - A = C - B$，则 $\overline{AB} \cup \overline{AB} = $ _____.

二、计算题

题7

8. 设 $\Omega = \{x \mid 0 \le x \le 2\}$，$A = \{x \mid \frac{1}{2} \le x \le 1\}$，$B = \{x \mid \frac{1}{4} \le x \le \frac{3}{2}\}$，具体写出下列事件：(1) $\overline{AB}$；(2) $\overline{A} \cup B$；(3) $\overline{\overline{A}\,\overline{B}}$；(4) $\overline{\overline{AB}}$.

三、证明题

9. 证明：

(1) $(A \cup B) \cup (A \cup \bar{B}) = \Omega$ ；

(2) $(A \cup B) \cap (A \cup \bar{B}) = A$ ；

(3) $(AB) \cup (A\bar{B}) \cup (\bar{A}B) \cup (\bar{A}\bar{B}) = \Omega$.

§1.2　随机事件的概率

一、填空题

1. 掷两个均匀的骰子，两个骰子点数相等的概率_____ .

2. 一个袋中装有 10 个红球和 2 个黄球，每次只摸一个球．若第一次摸到了一个黄球，摸出后不放回，则第二次摸到红球的概率为_____ .

3. 标号分别为 1、2、3、4 的四张卡片排成一列，顺序恰好为 1324 或 4123 或 1234 的概率为_____.

4. 在 xOy 平面直角坐标系内，向 $y=\sin x$，$x\in[0,\pi]$ 与 x 轴所围成区域内任意投掷一点，试求点落在以 $O(0,0)$，$A(\pi,0)$，$B\left(\dfrac{\pi}{2},1\right)$ 为顶点的三角形区域内的概率是_____.

5. 甲、乙两人相约在 0 到 T 时在预定地点会面，并约定先到的人等候另一人 $t(t\leqslant T)$ 时方可离开，假定甲、乙两人在 0 到 T 时内的任一时刻到达预定地点是等可能的，则甲、乙两人会面的概率为_____.

题5

6.（考研）从（0，1）中随机地取两个数 x，y，则满足条件 $xy<\dfrac{1}{4}$ 的概率是_____.

题6

二、计算题

7. 袋中有 a 个白球，b 个红球，$n(n\leqslant a+b)$ 个人依次在袋中取一个球，（1）作放回抽样；（2）作不放回抽样，求第 $k(k\leqslant n)$ 个人取得白球的概率.

8. 在 1～1 000 的整数中随机地取一数，取到的整数既不能被 3 整除、又不能被 4 整除的概率是多少？

9. 将 3 个球随机放入 4 个杯子中，求杯子中球的最大个数分别是 1，2，3 的概率.

10. 袋内共放有 10 个大小相同的球，其中有 2 个球上标号为 5，3 个球上标号为 2，5 个球上标号为 1，任取其中 5 个，求球上标号数之和大于 10 的概率.

三、证明题

11. 从数字 1，2，…，n 中任取两个不同数字，证明这两个数字之差为 $k(k = 1，2，…，n - 1)$ 的概率 $P_k = \dfrac{n - k}{C_n^2}$.

§1.3　概率的公理化定义及性质

一、填空题

1. $P(\varnothing) = $ _____ , $P(\Omega) = $ _____ .

2. 设 $\overline{A}$ 为 A 的对立事件，则 $P(A) + P(\overline{A}) = $ _____ .

3. 对于任意事件 A，B 均有 $P(A \cup B) = $ _____ .

4. 对于任意事件 A，B 均有 $P(A - B) = $ _____ .

5. 对 于 事 件 A，B，C，若 $AB = \varnothing$，则 $P(ABC) = $

_____ .

题6

6. （考研）设事件 A，B，C 满足 $P(\overline{A} \cup \overline{B}) = 0.9$，且 $P(\overline{A} \cup \overline{B} \cup \overline{C})$ = 0.97，则 $P(AB - C) = $ _____ .

7. （考研）设事件 A，B 互不相容，且 $A = B$，则 $P(A) = $ _____ .

题7

二、计算题

8. 若事件 A，B 互不相容，已知 $P(A) = \dfrac{1}{2}$，$P(B) = \dfrac{1}{3}$，求：（1）$P(AB)$；

（2）$P(A \cup B)$；（3）$\dfrac{P(AB)}{P(A)}$；（4）$\dfrac{P(AB)}{P(B)}$.

9. （2020 考研）设 A，B，C 为三个随机事件，则 $P(A) = P(B) = P(C) = \dfrac{1}{4}$，$P(AB) =$
0，$P(AC) = P(BC) = \dfrac{1}{12}$．求 A，B，C 中恰有一个事件发生的概率．

三、证明题

10. 对于事件 A，B，C，证明：$P(A \cup B \cup C) = P(A) + P(B) + P(C) - P(AB) -$
$P(AC) - P(BC) + P(ABC)$．

§1.4　条件概率与概率公式

一、填空题

1. 已知 $0 < P(A) < 1$，则 $P(\varnothing | A) = $ _____．

2. 已知 $0 < P(A) < 1$，$P(B|A) = 0.9$，则 $P(\overline{B}|A) = $ _____．

3. 已知 $0 < P(A) < 1$，$P(B_1|A) = p$，$P(B_2|A) = q$，$P(B_1 B_2|A) = r$，$0 < p$，q，$r < 1$
且 $0 < p + q - r < 1$，则 $P(\overline{B_1 \cup B_2}|A) = $ _____．

4. 已知 $P(A) = 0.5$，$P(B) = 0.6$，$P(AB) = 0.4$，则 $P(\overline{A}|\overline{B}) = $ _____．

5. 一道单项选择题同时列出 5 个答案，一名考生可能会做而选对答案，也可能乱猜一个，假设他会做的概率为 $\dfrac{1}{3}$，乱猜选对答案的概率为 $\dfrac{1}{5}$. 若已知他选对了，则他确实会做的概率为_____.

6. 设一个口袋里有 3 个红球，2 个黑球，从中随机地取出 1 个，把球放回，并放进与取出的球同色的球 1 个，再取第二次，如此继续下去，则第一次取到红球第二、三次取到黑球第四、五次取到红球的概率为_____.

二、计算题

7. 已知 $P(A)=\dfrac{1}{4}$，$P(B\,|\,A)=\dfrac{1}{3}$，$P(A\,|\,B)=\dfrac{1}{2}$. 求：（1）$P(AB)$；（2）$P(B)$；（3）$P(A\cup B)$.

8. 袋中有 7 个球，其中红球 5 个，白球 2 个，从袋中取球两次，每次随机地取球 1 个，且第一次取出的球不放回袋中．求：

（1）第一次取得白球，第二次取得红球的概率；

（2）两次取得的球中有一个是白球，另一个是红球的概率；

（3）取得的两个球颜色相同的概率．

9. 据以往资料表明，某三口之家，患某种传染病的概率有以下规律：$P\{孩子得病\}=0.6$，$P\{母亲得病 \mid 孩子得病\}=0.5$，$P\{父亲得病 \mid 母亲及孩子得病\}=0.4$. 求母亲及孩子得病但父亲未得病的概率.

10. 将两条信息分别编码为 A 和 B 传递出去，接收站收到时，A 被误作 B 的概率为 0.02，而 B 被误作 A 的概率为 0.01，信息 A 与信息 B 传送的频繁程度为 $2:1$，若接收站收到的信息是 A，问原发信息是 A 的概率是多少？

11. 设一地区晴、雨、阴三种天气的比例 $4:3:3$，气象台将晴天、阴天、雨天预报为晴天的概率分别是 0.7，0.4，0.1. 求预报晴天正确的概率.

三、证明题

12. 已知 $0 < P(B) < 1$，$\overline{A}\ \overline{B} = AB$，证明：$P(\overline{A}\mid B) + P(A\mid \overline{B}) = 2$.

四、综合题

13. 病树的主人外出，委托邻居帮忙给病树浇水，已知不浇水，树死去的概率为 0.8；若浇水则树死去的概率为 0.15，假设邻居有 90% 的可能性记得浇水.
    (1) 求主人回来树还活着的概率；
    (2) 若主人回来树已经死去，求邻居忘记浇水的概率.

14. 若 M 件产品中包含 m 件次品，今在其中任取两件. 求：
    (1) 已知取出的两件中有一件是次品的条件下，另一件也是次品的条件概率；
    (2) 已知两件中有一件不是次品的条件下，另一件是次品的条件概率；
    (3) 取出的两件中至少有一件是次品的概率.

15. 玻璃杯成箱出售，每箱 20 个，假设各箱含 0，1，2 个残次品的概率相应为 0.8，0.1 和 0.1，一顾客欲购买一箱子玻璃杯，在购买时，售货员随机取一箱，而顾客随机开箱查看 4 个，若无残次品，则买下该箱玻璃杯，否则退回. 求：

（1）顾客买下该箱的概率 α；

（2）在顾客买下的一箱玻璃杯中，确实没有残次品的概率 β.

16. 根据以往的考试结果分析，努力学习的学生中有 90% 的可能考试及格，不努力学习的学生中有 90% 的可能考试不及格. 据调查，学生中有 90% 的人是努力学习的. 求：

（1）考试及格的学生中有多大可能是不努力学习的人？

（2）考试不及格的学生中有多大可能是努力学习的人？

§1.5　事件的独立性与伯努利概型

一、填空题

1. 设 $P(A) = P(B) = P(C) = \dfrac{1}{3}$，$A$，$B$，$C$ 相互独立，则（1）A，B，C 至少出现一个的概率为_____；（2）A，B，C 恰好出现一个的概率为_____；（3）A，B，C 最多出现一个的概率为_____.

2. 设两事件 A，B 相互独立，$P(A) = 0.6$，$P(B) = 0.7$，则 $P(A - B) = $_____，$P(\bar{A} - B) = $_____.

3. 设两个事件 A，B 相互独立，若 $P(A) = 0.4$，$P(B) = \dfrac{1}{3}$，则 $P(A \cup B) = $_____.

题4

4. 设一系统由三个相同的部件串、并联而成，其中 A 与 B 并联，再与 C 串联而成，又设每个部件能正常工作的概率为 p，且各部件能否正常工作是相互独立的，则整个系统能正常工作的概率为_____.

题5

5. （考研）设三个事件 A，B，C 两两相互独立，$ABC = \varnothing$，$P(A) = P(B) = P(C) < \dfrac{1}{2}$，且 $P(A \cup B \cup C) = \dfrac{9}{16}$，则 $P(A) = $_____.

题6

6. （2018 考研）设随机事件 A，B 相互独立，A，C 相互独立，$BC = \varnothing$，若 $P(A) = P(B) = \dfrac{1}{2}$，$P(AC \mid AB \cup C) = \dfrac{1}{4}$，则 $P(C) = $_____.

7. 一名工人负责维修 10 台同类型的机床，在一段时间内每台机床发生故障需要维修的概率为 0.3，则在这段时间内至少有两台机床需要维修的概率约为_____.

二、计算题

8. 一个人看管三台机器，一段时间内，三台机器要人看管的概率分别是 0.1，0.2，0.15. 求：

（1）一段时间内没有一台机器要看管的概率；

（2）至少有一台机器不要看管的概率.

9. 甲、乙、丙三人同时独立地对飞机射击，三人的命中率分别为 0.4，0.5，0.7，飞机中一弹而坠落的概率为 0.2，中两弹而坠落的概率为 0.6，中三弹则必定坠落. 求飞机被击中而坠落的概率.

10. 考虑一元二次方程 $x^2 + Bx + C = 0$，其中 B，C 分别是将一骰子接连掷两次先后出现的点数．求该方程有实根的概率 p 和有重根的概率 q．

三、证明题

11. 已知 A，B，C 相互独立，证明：$A \cup B$，$A - B$，AB 与 C 相互独立．

四、综合题

12. 甲、乙两名运动员进行乒乓球单打比赛,已知每一局甲胜的概率为 0.6,乙胜的概率为 0.4,比赛可以采用三局两胜制或五局三胜制,问在哪一种赛制下,甲获胜的可能性大.

13. 设 $P(A) = \dfrac{2}{5}$, $P(A \cup B) = 0.7$, 在下列情况下分别求 $P(B)$:

(1) A 与 B 互不相容;

(2) A 与 B 相互独立;

(3) $A \subset B$.

自 测 题 一

一、填空题（每题 3 分，共 15 分）

1. 生产产品，直到 10 件正品为止，记录生产产品的总件数，则其样本空间 $\Omega =$ {_____}．

2. 袋中有 5 个红球，3 个白球，现从中任取 2 个球，则取得两球颜色相同的概率为 _____．

3. 一射手对同一目标独立地进行四次射击，若至少命中一次的概率为 $\dfrac{80}{81}$，则该射手的命中率为_____．

4. 假设 $P(A) = 0.3$，$P(A \cup B) = 0.7$，且 A 与 B 相互独立，则 $P(B) =$ _____．

5. 将一个红色立方体分成 1000 个同样大小的立方体，并从中随机地取出一个，则恰好取到两个侧面涂有红色的小立方体的概率为_____．

二、单选题（每题 3 分，共 15 分）

题6

6. 设某码头只能容纳一艘船，现得知某日将到来两艘船，且在该天 24 小时内各时刻到来的可能性都相等．如果它们需要停靠的时间是 2 小时和 3 小时，则有一艘船要在江中等待的概率为（ ）．

    A. $\dfrac{223}{1152}$ B. $\dfrac{271}{1152}$ C. $\dfrac{925}{1152}$ D. $\dfrac{227}{1152}$

7. 设 A，B 为随机事件，且 $P(AB) = 0$，则（ ）

    A. A 与 B 互斥   B. AB 是不可能事件

    C. AB 未必是不可能事件   D. $P(A) = 0$ 或 $P(B) = 0$

题8

8. （考研）已知 $0 < P(B) < 1$，且 $P[(A_1 + A_2)|B] = P(A_1|B) + P(A_2|B)$，则下列选项成立的是（ ）．

    A. $P[(A_1 + A_2)|\bar{B}] = P(A_1|\bar{B}) + P(A_2|\bar{B})$

    B. $P(A_1B + A_2B) = P(A_1B) + P(A_2B)$

    C. $P(A_1 + A_2) = P(A_1|B) + P(A_2|B)$

    D. $P(B) = P(A_1)P(B|A_1) + P(A_2)P(B|A_2)$

9. 假设有 5 把钥匙，只有一把能打开门，如果某次打不开就放一边不再尝试，则第三次能打开门的概率为（ ）．

题9

    A. $\dfrac{1}{5}$ B. $\dfrac{2}{5}$ C. $\dfrac{3}{5}$ D. $\dfrac{4}{5}$

10. 下列结论正确的个数为（ ）．

（1）若事件 A，B，C 两两相互独立，则事件 A，B，C 一定相互独立；

（2）若事件 A，B，C 互不相容，则事件 A，B，C 一定两两互不相容；

（3）若事件 A 与 B 相互独立，则 $\bar{A}$ 与 $\bar{B}$ 相互独立；

（4）若事件 A 与 $\bar{B}$ 互不相容，则 $P(AB) = P(A)$．

A. 4 个　　　　　　B. 3 个　　　　　　C. 2 个　　　　　　D. 1 个

三、计算题（每题 8 分，共 40 分）

11. 已知 $P(A) = \dfrac{2}{5}$，$P(B) = \dfrac{3}{10}$，$P(B|\bar{A}) = \dfrac{1}{3}$，求：（1）$P(A|\bar{B})$；（2）$P(A \cup B)$.

12. 设两个相互独立的事件 A 和 B 都不发生的概率为 $\dfrac{1}{9}$，A 发生 B 不发生的概率与 B 发生 A 不发生的概率相等，求 $P(A)$.

13. 甲、乙两人独立地对同一目标各射击一次，他们的命中率分别为 0.6 与 0.5，现已知目标被击中，问甲射中的概率是多少？

14. 袋中有 m 个正品硬币，n 个次品硬币（两面均为国徽），在袋中任取一个，将它投掷 r 次，已知每次都得到国徽．求这个硬币是正品的概率．

15. 设 6 个相同的元件，先两两串联成三组，再把这三组并联成一个系统．设每个元件损坏的概率为 p，而各个元件损坏与否是相互独立的．求此系统出故障的概率．

四、综合题（每题 10 分，共 20 分）

16. 一学生接连参加同一课程的两次考试，第一次及格的概率为 p，若第一次及格，则第二次及格的概率也为 p；若第一次不及格，则第二次及格的概率为 $\dfrac{p}{2}$.

(1) 若至少有一次及格则他能取得某种资格，求他取得某种资格的概率；

(2) 若已知第二次及格，求他第一次及格的概率.

17. 在电报通信中，发送端发出的是"●"和"–"两种信号组成的序列. 由于干扰，接收端收到的是"●""–"和"不清"三种信号组成的序列. 假设发送"●"和"–"信号的概率分别为 0.6，0.4，在发出"●"的条件下，接收到"●""–"和"不清"的概率分别为 0.9，0，0.1；在发出"–"的条件下，接收到"●""–"和"不清"的概率分别为 0.1，0.8，0.1. 试分别计算在接收到"不清"信号的情况下，原发出信号为"●"和"–"的条件概率.

五、证明题 （每题 5 分，共 10 分）

18. 随机地向半圆 $0 < y < \sqrt{4x - x^2}$ 内投掷一点，点落在半圆内任何区域的概率与区域的面积成正比，证明：该点与原点的连线同 x 轴的夹角小于 $\frac{\pi}{4}$ 的概率为 $\frac{2 + \pi}{2\pi}$.

19. 设 A，B，C 是不能同时发生但两两相互独立的随机事件，且 $P(A) = P(B) = P(C) = p$，证明：p 可取的最大值为 $\frac{1}{2}$.

第2章　一维随机变量及其分布

§2.1　随　机　变　量

§2.2　离散型随机变量及其分布律

一、填空题

1. 设随机变量 X 的概率分布为 $P\{X = x\} = \dfrac{A}{2020}$，$x = 1$，$2$，$\cdots$，$2020$．则 $A =$ ＿＿＿＿＿＿＿＿．

2. 设随机变量 X 的概率分布为 $P\{X = K\} = \dfrac{\lambda^K}{K!}\mathrm{e}^{-5}$，$K = 0$，$1$，$2$，$\cdots$，则 $\lambda =$ ＿＿＿＿＿＿＿＿＿．

3. 设随机变量 $X \sim B(n, p)$，且已知 $P\{X = 1\} = P\{X = 2\} = 2P\{X = 3\}$，则 $n =$ ＿＿＿＿＿＿＿＿，$p =$ ＿＿＿＿＿＿．

4. 常数 $b =$ ＿＿＿＿＿＿＿＿ 时，$p_i = \dfrac{b}{i(i + 1)}(i = 1$，$2$，$\cdots)$ 为离散型随机变量的概率分布律．

5. 在三重伯努利实验中，已知四次实验至少成功一次的概率为 $\dfrac{175}{256}$，则一次成功的概率 $p =$ ＿＿＿＿＿＿＿＿．

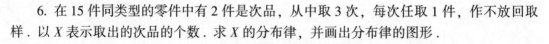
题5

二、计算题

6. 在 15 件同类型的零件中有 2 件是次品，从中取 3 次，每次任取 1 件，作不放回取样．以 X 表示取出的次品的个数．求 X 的分布律，并画出分布律的图形．

7. 抛掷一枚质地不均匀的硬币 8 次，设正面出现的概率为 0.6. 求 8 次抛掷中正面最可能出现的次数是多少？相应的概率是多少？

8. 设随机变量 X 服从泊松分布，其分布律为 $P\{X = K\} = \dfrac{\lambda^K}{K!} e^{-\lambda}$，$K = 0,1,2,\cdots$，当 K 为何值时，$P\{X = K\}$ 达到最大？

9. 在一本 200 页的书中，共有 100 个错误. 假设每个错误等可能地出现在每一页上. 试求：
（1）在给定的一页上恰好有两个错误的概率；
（2）在给定的一页上至少有一个错误的概率.
（**提示**：用泊松逼近）

10. 某商店每月销售高级音响的台数服从参数为 4 的泊松分布. 求：

（1）每月至少售出 5 台高级音响的概率；

（2）在上月没有库存的情况下，商店需进多少台高级音响才能保证当月不脱销概率大于 0.99?

三、证明题

11. 设某种动物生下 k 个蛋的概率服从参数为 λ（$\lambda > 0$）的泊松分布，而每个蛋能发育成小动物的概率为 p，且相互独立. 试证明：该动物恰有 r 个后代的概率服从参数为 λp 的泊松分布.

§2.3 随机变量的分布函数

§2.4 连续型随机变量及其概率密度函数

一、填空题

1. 设随机变量 X 的分布函数为 $F(x) = A + B\arctan x$，则 $A = $ _____，$B = $ _____，$f(x) = $ _____.

2. 设随机变量 $X \sim N(0, 1)$，则 $\varphi(0) = $ _____，$\Phi(0) = $ _____，$P\{X = 0\} = $ _____.

3. 设随机变量 $X \sim U(0, 5)$，则 $P\{X < 3\}$ = _____，$P\{1 < X < 3\}$ = _____ .

4. 设随机变量 $X \sim N(3, 2^2)$，若 $P\{X > c\} = P\{X \leqslant c\}$，则 c = _____ .

5. 已知随机变量 X 的概率密度函数为偶函数，$F(x)$ 是随机变量 X 的分布函数，则 $F(x) + F(-x)$ = _____ .

题5

二、计算题

6.（1）已知离散型随机变量 X 的概率分布为 $P\{X = 1\} = 0.2$，$P\{X = 2\} = 0.3$，$P\{X = 3\} = 0.5$，求 X 的分布函数；

（2）已知随机变量 X 的分布函数为

$$F(x) = \begin{cases} 0, & x < -1 \\ 0.4 & -1 \leqslant x < 1 \\ 0.8, & 1 \leqslant x < 3 \\ 1, & x \geqslant 3 \end{cases}$$

且对 X 的每一个可能取值 x_i，有 $P\{X = x_i\} > 0$，求 X 的概率分布．

7. 求分布函数 $F(x)$ 中的未知参数 a, b.

$$F(x) = \begin{cases} 0, & x \leqslant -1 \\ a + b\arcsin x, & -1 < x \leqslant 1 \\ 1, & x > 1 \end{cases}$$

8. 已知随机变量 X 的概率密度为 $f(x) = \dfrac{e^{-x}}{(1 + e^{-x})^2}$，$-\infty < x < \infty$，求 X 的分布函数．

9. 设 $X \sim U(a, -a)$，$a > 0$，求满足下列条件的 a：

(1) $P\{X > 1\} = \dfrac{1}{3}$；

(2) $P\{|X| > 1\} = P\{|X| < 1\}$．

10. 设连续型随机变量 X 的概率密度是 $f(x) = \begin{cases} c + x, & -1 < x \leqslant 0 \\ c - x, & 0 < x \leqslant 1 \\ 0, & \text{其他} \end{cases}$，求：

(1) 常数 c；

(2) 分布函数 $F(x)$；

(3) 概率 $P\left\{-\dfrac{1}{2} < X \leqslant \dfrac{1}{2}\right\}$．

11. 假设一大型设备在任何长为 t 的时间内发生故障的次数 $N(t)$ 服从参数为 λt 的泊松分布，若以 T 表示相邻两次故障之间的时间间隔．求：

（1）T 的概率分布；

（2）一次故障修复之后，设备无故障运行 8 小时的概率 p_1；

（3）在设备无故障运行 t_0 小时的情况下，再无故障运行 8 小时的概率 p_2．

12. 公共汽车的车门的高度是按男子与车门碰头的机会在 0.01 以下设计的，设男子身高 X 服从 $\mu = 170$ 厘米，$\sigma = 6$ 厘米，问应如何选择车门的高度？

三、综合题

13. 设随机变量 X 的概率密度 $f(x) = \begin{cases} 2x, & 0 < x < 1 \\ 0, & \text{其他} \end{cases}$，$Y$ 表示对 X 三次独立重复观察中事件 $\left\{ X \leqslant \dfrac{1}{2} \right\}$ 出现的次数，试求 $P\{Y = 2\}$．

§2.5　随机变量函数的分布

一、填空题

1. 设随机变量 $X \sim N(2, 3^2)$，则 $\dfrac{X-2}{3} \sim$ _____.

2. 设随机变量 $X \sim N(\mu, \sigma^2)$，则 $aX + b \sim$ _____.

3. 设随机变量 X 的分布律为

X	-3	-1	0	1	2
P	0.1	0.2	0.25	0.2	0.25

（1）$Y = -2X + 1$ 的概率分布为 _____.

（2）$Z = 2X^2 - 3$ 的概率分布为 _____.

4. 设随机变量 $X \sim U(0, 1)$，则 $Y = 1 - X$ 的概率分布为 _____.

5. 设随机变量 $X \sim N(10, 3^2)$，则 $Y = 5X - 2$ 的概率分布为 _____.

二、计算题

6. 设随机变量 $X \sim U(0, 1)$，求 $Y = e^x$ 的概率密度.

7. 设随机变量 $X \sim N(0, 1)$，求：

（1）$Y = 2X^2 + 1$ 的概率密度；

（2）$Y = |X|$ 的概率密度.

8. 设随机变量 X 服从参数为 λ 的指数分布，令 $Y = g(x) = \begin{cases} -1, & x < 0 \\ 1, & x > 0 \end{cases}$，求 Y 的分布律.

9. 从 8 件正品和 2 件次品中任取 3 件，求其中次品数 X 的平方的分布律.

三、证明题

10. 设随机变量 X 服从参数为 2 的指数分布，即 $F(x) = \begin{cases} 1 - e^{-2x}, & x > 0 \\ 0, & x \leqslant 0 \end{cases}$. 令 $Y = F(x)$，求证：Y 在 $[0, 1]$ 服从均匀分布.

自 测 题 二

一、填空题（每题 3 分，共 15 分）

1. 设离散型随机变量 X 的分布律为

X	0	1	2
P	0.2	0.3	0.5

则 $P\{X \leqslant 1.5\} = $ _____.

2. 设离散型随机变量 X 的概率分布 $P\{X = i\} = p^{i+1}$, $i = 0, 1$, 则 $p = $ _____.

3. 设随机变量 X 的概率密度为 $f(x) = \begin{cases} \dfrac{1}{3}, & 0 \leqslant x \leqslant 1 \\ \dfrac{2}{9}, & 3 \leqslant x \leqslant 6 \\ 0, & \text{其他} \end{cases}$, 若 k 满足概率 $P\{X \geqslant k\} = \dfrac{2}{3}$, 则 k 的取值范围是 _____.

4. 设随机变量 X 的概率密度为 $f(x) = \dfrac{A}{1 + x^2}$, $-\infty < x < +\infty$, 则 $A = $ _____, $P\{-1 < X < 1\} = $ _____.

5. 设随机变量 $X \sim N(2, \sigma^2)$, 且 $P(2 < X < 4) = 0.3$, 则 $P(X < 0) = $ _____.

二、单选题（每题 3 分，共 15 分）

6. 设随机变量 X 服从正态分布 $N(1, \sigma^2)$, 其分布函数为 $F(x)$, 则对任意实数 x, 有（　　）.

    A. $F(x) + F(-x) = 1$ B. $F(1 + x) + F(1 - x) = 1$

    C. $F(x + 1) + F(x - 1) = 1$ D. $F(1 - x) + F(x - 1) = 1$

7. 设随机变量 X 服从正态分布 $N(\mu, \sigma^2)$, 则随 σ 的增大，概率 $P\{|X - \mu| < \sigma\}$ 应该（　　）.

    A. 单调增大   B. 单调减少   C. 保持不变   D. 增减不定

8. 设随机变量 X 的概率密度为 $f_X(x)$, $Y = -2X + 3$, 则 Y 的概率密度为（　　）.

    A. $-\dfrac{1}{2} f_X\left(-\dfrac{y - 3}{2}\right)$ B. $\dfrac{1}{2} f_X\left(-\dfrac{y - 3}{2}\right)$

    C. $-\dfrac{1}{2} f_X\left(-\dfrac{y + 3}{2}\right)$ D. $\dfrac{1}{2} f_X\left(-\dfrac{y + 3}{2}\right)$

9. 当随机变量 X 的可能取值充满区间（　　）时，$f(x) = \cos x$ 可以称为 X 的概率密度函数.

    A. $\left[0, \dfrac{\pi}{2}\right]$ B. $\left[\dfrac{\pi}{2}, \pi\right]$

C. $[0, \pi]$ D. $\left[\dfrac{3}{2}\pi, \dfrac{7}{4}\pi\right]$

10. 设随机变量 X 的分布函数为 $F(x) = \begin{cases} 0, & x < 0 \\ \dfrac{1}{2}, & 0 \leqslant x < 1, \\ 1 - e^{-x}, & x \geqslant 1 \end{cases}$ 则 $P\{X = 1\} =$

( ).

    A. 0   B. $\dfrac{1}{2}$ C. $\dfrac{1}{2} - e^{-1}$ D. $1 - e^{-1}$

三、计算题 (11、12 每题 8 分, 13、14 每题 12 分, 共 40 分)

11. 将三封信随机地投入编号为 1, 2, 3, 4 的四个邮箱, 求没有信的邮箱数 X 的概率分布.

12. 设随机变量 X 的概率密度为 $f(x) = \dfrac{1}{2} e^{-|x|}$, $-\infty < x < +\infty$, 求 X 的分布函数.

13. 连续型随机变量 X 的分布函数为

$$F(x) = \begin{cases} 0, & x \leqslant -a \\ A + B\arcsin \dfrac{x}{a}, & -a < x < a \\ 1, & x \geqslant a \end{cases}$$

其中 a 为正常数. 求：

(1) 常数 A 和 B；

(2) X 的概率密度；

(3) $P\left\{-\dfrac{a}{2} < X < \dfrac{a}{2}\right\}$.

14. (1) 设 X 在 $[0, 5]$ 内服从均匀分布，求方程 $4t^2 + 4Xt + X + 2 = 0$ 有实根的概率. (2) 已知随机变量 X 服从正态分布 $N(\mu, \sigma^2)$，且方程 $t^2 + t + X = 0$ 有实根的概率为 $\dfrac{1}{2}$，求未知参数 μ.

四、综合题（每题 10 分，共 20 分）

15. 农耕时节，由甲、乙、丙三台水泵独立地向农田灌水，当一台水泵有故障时，另两台水泵能全部满足灌溉需要的概率为 80%，而当两台水泵有故障时，由剩下的一台水泵保证供水的概率为 30%．已知每台水泵发生故障的概率为 8%，求：

（1）能保证灌溉的概率；

（2）已知水泵有故障时，能保证灌溉的概率．

16. 某工厂招聘 155 名工人，按考试成绩录用，共 526 人报名，假设报名者的考试成绩 $X \sim N(\mu, \sigma^2)$．已知 90 分以上有 12 人，60 分以下有 83 人，若从高分到低分录用，某人成绩为 78 分，问此人是否被录用？

五、证明题 （共 10 分）

17. 设随机变量 X 的概率密度满足 $f(-x) = f(x)$. 对于任意 $a > 0$，试证明：

（1）$F(-a) = 1 - F(a) = \dfrac{1}{2} - \int_0^a f(x)\,\mathrm{d}x$；

（2）$P\{|X| < a\} = 2F(a) - 1$；

（3）$P\{|X| > a\} = 2[1 - F(a)]$.

第3章 多维随机变量及其分布

§3.1 二维随机变量

§3.2 二维离散型随机变量

一、填空题

1. 若 (X, Y) 的分布律为

(X, Y)	$(0, 0)$	$(-1, 1)$	$\left(-1, \frac{1}{3}\right)$	$(2, 0)$
P	$\frac{1}{2C}$	$\frac{1}{C}$	$\frac{1}{4C}$	$\frac{5}{4C}$

则 $C = $ _____ .

2. 用 X，Y 的联合分布函数 $F(x, y)$ 表示下述概率：

(1) $P\{a < X \leqslant b, Y < c\} = $ _____ .

(2) $P\{X < a, Y = b\} = $ _____ .

(3) $P\{0 < Y \leqslant a\} = $ _____ .

3. 若二维随机变量 (X, Y) 恒取一定值 (a, b)，则其联合分布函数为 _____ .

4. 设口袋中有 5 个球，分别标有号码 1，2，3，4，5．现从中任取 3 个球，设 X，Y 分别表示取出球的最大号码和最小号码，则 X，Y 的联合分布律为 _____ .

5. 设随机变量 Z 在区间 $[-2, 2]$ 上服从均匀分布，设随机变量 X，Y 分别为 $X = \begin{cases} -1, & Z \leqslant -1, \\ 1, & Z > -1 \end{cases}$，$Y = \begin{cases} -1, & Z \leqslant 1, \\ 1, & Z > 1 \end{cases}$．则 X，Y 的联合分布律为 _____ .

题5

二、计算题

6. 将一枚硬币抛掷三次，以 X 表示在三次中出现正面的次数，以 Y 表示三次中出现正面次数与出现反面次数之差的绝对值，试写出 X 与 Y 的联合分布律．

7. 盒子里装有 3 个黑球，2 个白球，2 个红球，从中任取 4 个球，以 X 表示取到的黑球数，以 Y 表示取到的红球数. 求 X，Y 的联合分布律.

8. 设 (X, Y) 的联合分布律为 $P\{X = i, Y = j\} = \dfrac{\lambda^j \mu^{i-j}}{j!\,(i-j)!} e^{-(\lambda+\mu)}$，$i = 0, 1,$ $2, \cdots$，$j = 0, 1, 2, \cdots$. 求边缘分布律.

三、证明题

9. 判断二元函数 $F(x, y) = \begin{cases} \dfrac{1}{2} + (1 - e^{-x})(1 - e^{-y}), & x > 0, y > 0 \\ \dfrac{1}{2}, & 其他 \end{cases}$ 是否为某个

随机变量的分布函数，并证明.

四、综合题

10. 已知 (X, Y) 的联合分布律为

X \ Y	11	12	13
1	$\frac{1}{5}$	0	$\frac{1}{5}$
2	0	0	$\frac{1}{5}$
3	0	$\frac{1}{5}$	$\frac{1}{5}$

求：(1) (X, Y) 的边缘分布律；(2) $Y = 13$ 的条件下 X 的条件分布律.

§3.3 二维连续型随机变量

一、填空题

1. 设随机变量 (X, Y) 的概率密度为 $f(x, y) = \begin{cases} k e^{3x-4y}, & 0 < x, 0 < y \\ 0, & \text{其他} \end{cases}$，则常数 k = _____，$P\{0 < X < 1, 0 < Y < 2\}$ = _____.

2. 随机变量 (X, Y) 在以点 $(0, 1)$，$(1, 0)$，$(1, 1)$ 为顶点的三角形区域上服从均匀分布，则 X 的概率密度为 _____.

3. 设平面区域 D 由 $y = \frac{1}{x}$ 及直线 $y = 0$，$x = 1$，$x = e^2$ 围成，二维随机变量 (X, Y) 在区域 D 上服从均匀分布，则 (X, Y) 关于 X 的边缘密度在 $x = 2$ 处的值为 _____.

4. 设随机变量 $(X, Y) \sim N(0, 1, 2, 3, -0.1)$，则 X 的概率分布为 _____，则 Y 的概率分布为 _____.

5. 随机变量 (X, Y) 的分布函数为 $F_1(x, y) = \begin{cases} (1-e^{-2x})(1-e^{-3y}), & x>0, y>0 \\ 0, & \text{其他} \end{cases}$，则其

概率密度为_____.

二、计算题

6. 设随机变量 (X, Y) 的联合概率密度为

$$f(x, y) = \begin{cases} k(6 - x - y), & 0 < x < 2,\ 2 < y < 4 \\ 0, & \text{其他} \end{cases}$$

求：（1）常数 k；（2）$P\{X < 1,\ Y < 3\}$；（3）$P\{X < 1.5\}$.

7. 设随机变量 (X, Y) 的联合概率密度为

$$f(x, y) = \begin{cases} A x^2 y, & x^2 < y < 1 \\ 0, & \text{其他} \end{cases}$$

求：（1）常数 A；（2）边缘概率密度.

8. 设随机变量 (X, Y) 的联合概率密度 $f(x, y) = \begin{cases} 1, & 0 < x < 1, \ |y| < x \\ 0, & 其他 \end{cases}$，求条件概率密度 $f_{Y|X}(y \mid x)$，$f_{X|Y}(x \mid y)$．

三、综合题

9. 设随机变量 (X, Y) 的条件概率为 $f_{X|Y}(x \mid y) = \begin{cases} \dfrac{3x^2}{y^3}, & 0 < x < y \\ 0, & 其他 \end{cases}$，又设 Y 的概率密度为 $f_Y(y) = \begin{cases} 5y^4, & 0 < y < 1 \\ 0, & 其他 \end{cases}$，求 $P\{X > 0.5\}$．

§3.4　随机变量的独立性
§3.5　随机变量的函数的分布

一、填空题

1. 设随机变量 $(X, Y) \sim N(\mu_1, \mu_2, \sigma_1^2, \sigma_2^2, \rho)$，则 X，Y 相互独立的充分必要条件是＿＿＿＿＿＿＿＿．

2. 设随机变量 $(X, Y) \sim N(0, 3, 1, 4, -0.5)$，则 X 的概率分布为＿＿＿＿＿＿＿＿，Y 的概率分布为＿＿＿＿＿＿＿＿．

3. 设随机变量 X 与 Y 同分布，X 的分布律为 $P\{X = -1\} = P\{X = 1\} = \dfrac{1}{4}$，$P\{X = 0\} =$

$\dfrac{1}{2}$，$P\{XY = 0\} = 1$，则 $P\{X = Y\} = $ _____.

4. 设二维随机变量 (X, Y) 的概率密度为 $f(x, y) = \begin{cases} 6x, & 0 \leqslant x \leqslant y \leqslant 1, \\ 0, & \text{其他} \end{cases}$，则

$P\{X + Y \leqslant 1\} = $ _____.

5. 设随机变量 X 与 Y 独立同分布，概率密度函数与分布函数分别为 $f(t)$，$F(t)$，则 $Z = \min(X, Y)$ 的概率密度函数为 _____.

二、计算题

6. 设随机变量 X，Y 的联合分布律为

X＼Y	1	2	3
1	$\dfrac{1}{8}$	a	$\dfrac{1}{24}$
2	b	$\dfrac{1}{4}$	$\dfrac{1}{8}$

(1) 求 a，b 应满足的条件；
(2) 若 X，Y 相互独立，求 a，b 的值.

7. 设 X，Y 是相互独立且服从统一分布的两个离散型随机变量，已知 X 的分布律为 $P\{X = i\} = \dfrac{1}{3}$，$i = 1, 2, 3$，又设 $M = \max\{X, Y\}$，$N = \min\{X, Y\}$，求 (M, N) 的联合分布律和边缘分布律.

8. 设随机变量 X，Y 相互独立，X 服从 $\lambda = 5$ 的指数分布，Y 在区间 $[0, 2]$ 上服从均匀分布.

求：（1）二维随机变量 (X, Y) 的概率密度；（2）$P\{X \geqslant Y\}$.

三、证明题

9. 若随机变量 X，Y 相互独立，且皆以概率 $\dfrac{1}{2}$ 取值 1 及 -1，令 $Z = XY$，试证 X，Y，Z 两两独立，但不相互独立.

四、综合题

10. 已知随机变量 (X, Y) 的概率密度 $f(x, y) = \begin{cases} Cxe^y, & 0 \leqslant x \leqslant y \leqslant +\infty \\ 0, & \text{其他} \end{cases}$. 求:

(1) 常数 C;

(2) (X, Y) 关于 X 和 Y 的边缘概率密度;

(3) 条件概率密度 $f_{Y|X}(y \mid x)$, $f_{X|Y}(x \mid y)$;

(4) $Z = X + Y$ 的概率密度;

(5) $M = \max\{X, Y\}$ 和 $N = \min\{X, Y\}$ 的概率密度;

(6) $P\{X + Y \leqslant 1\}$.

自 测 题 三

一、填空题（每题 3 分，共 15 分）

1. 设随机变量 (X, Y) 的概率密度为 $f(x, y) = \begin{cases} Ce^{-2(x+y)}, & 0<x<+\infty, \ 0<y<+\infty \\ 0, & 其他 \end{cases}$，

则常数 $C = $_____；$(X, Y)$ 落在区域 $D = \{(x, y) \mid x > 0, \ y > 0, \ x+y \leqslant 1\}$ 内的概率为_____.

2. 若随机变量 (X, Y) 恒取一定值 (a, b)，则其分布函数为_____.

3. 设平面区域 D 由 $y = \dfrac{1}{x}$ 及直线 $y = 0$，$x = 1$，$x = e^2$ 围成，二维随机变量 (X, Y) 在区域 D 上服从均匀分布，则 (X, Y) 关于 X 的边缘概率密度在 $x = e$ 处的值为_____.

4. 设随机变量 X，Y 相互独立，且 $X \sim N(-3, 1)$，$Y \sim N(2, 1)$，$Z = X - 2Y + 7$，则 $Z \sim$_____.

5. (X, Y) 的分布函数 $F(x, y) = \begin{cases} (1-e^{-2x})(1-e^{-3y}), & 0<x<+\infty, \ 0<y<+\infty \\ 0, & 其他 \end{cases}$，则其

概率密度函数为_____.

二、单选题（每题 3 分，共 15 分）

6. 设 X，Y 是独立同分布的连续型随机变量，则（　　　）.

　A. $P\{X = Y\} = 1$ 　　　　　　　　B. $P\{X = Y\} = 0$

　C. $P\{X = Y\} = \dfrac{1}{2}$ 　　　　　　　D. $P\{X + Y = 2X\} = 1$

7. 设相互独立的两个随机变量 X，Y 具有同一名称概率分布（参数可不相同），已知 $X + Y$ 与 X 服从同一名称概率分布，则 X 服从（　　　）.

　A. 均匀分布 　　　　　　　　　　B. 二项分布

　C. 指数分布 　　　　　　　　　　D. 泊松分布

8. 设 X，Y 有相同的概率分布，$X \sim \begin{pmatrix} -1 & 0 & 1 \\ 0.25 & 0.5 & 0.25 \end{pmatrix}$，并且满足 $P(XY = 0) = 1$，

则 $P(X^2 = Y^2) = $（　　　）.

　A. 0 　　　　　B. 0.25 　　　　　C. 0.5 　　　　　D. 1

9. 下列结论正确的个数是（　　　）.

（1）设 (X, Y) 是二维随机变量，事件 $\{X \leqslant x, Y \leqslant y\}$ 表示事件 $\{X \leqslant x\}$ 与事件 $\{Y \leqslant y\}$ 的积事件；

（2）二维均匀分布的边缘分布不一定是均匀分布；

（3）X，Y 均服从正态分布，则其联合分布一定是二维正态分布；

（4）若 $X \sim N(0, 1)$，$Y \sim N(0, 1)$，且 X，Y 相互独立，则 $\dfrac{X+Y}{2} \sim N\left(0, \dfrac{1}{2}\right)$.

　A. 1 　　　　　B. 2 　　　　　C. 3 　　　　　D. 4

10. 设随机变量 X，Y 相互独立，其概率分布为 $X \sim \begin{pmatrix} 0 & 1 \\ \dfrac{1}{3} & \dfrac{2}{3} \end{pmatrix}$，$Y \sim \begin{pmatrix} 0 & 1 \\ \dfrac{1}{3} & \dfrac{2}{3} \end{pmatrix}$，则下

列正确的是（　　）.

    A. $X + Y$ B. $P\{X = Y\} = 1$

    C. $P\{X = Y\} = \dfrac{5}{9}$ D. $P\{X = Y\} = 0$

三、计算题（每题 8 分，共 40 分）

11. 一整数 n 等可能地在 1，2，$\cdots$，10 十个数中取一个值，设 $d = d(n)$ 是能整除 n 的正整数的个数，$F = F(n)$ 是能整除 n 的奇数的个数，试写出 d 和 F 的联合分布律.

12. 设随机变量 X，Y 同分布，其概率密度为 $f(x, y) = \begin{cases} \dfrac{3}{8} x^2, & 0 < x < 2, \\ 0, & \text{其他} \end{cases}$，已知事

件 $A = \{X > a\}$ 和事件 $B = \{Y > a\}$ 相互独立，且 $P\{A \cup B\} = \dfrac{3}{4}$，求常数 a.

13. 设随机变量 (X, Y) 的概率密度 $f(x, y) = \dfrac{k}{(1 + x^2)(1 + y^2)}$，求：

（1）常数 k；

（2）(X, Y) 落在区域 $D = \{(x, y) \mid 0 < x < 1, \ 0 < y < 1\}$ 内的概率.

14. 设相互独立的两个随机变量 X，Y，X 在 $(0, 1)$ 上服从均匀分布，Y 的概率密度为

$$f_Y(y) = \begin{cases} \dfrac{1}{2}e^{-Y/2}, & 0 < x < +\infty, \ 0 < y < +\infty \\ 0, & \text{其他} \end{cases}$$

求：（1）X 和 Y 的联合概率密度；（2）二次方程 $a^2 + 2Xa + Y = 0$ 有实根的概率.

15. 设随机变量 X，Y 相互独立，概率密度分别为 $f_X(x) = \begin{cases} 1, & 0 < x < 1, \\ 0, & \text{其他} \end{cases}$

$f_Y(y) = \begin{cases} \mathrm{e}^{-y}, & 0 < y \\ 0, & \text{其他} \end{cases}$，求随机变量 $Z = 2X + Y$ 的概率密度.

四、综合题 （每题 10 分，共 20 分）

16. 设 X，Y 独立且同服从参数为 λ 的泊松分布的随机变量，分别求 $M = \max\{X, Y\}$，$N = \min\{X, Y\}$ 的分布函数.

17. 设某仪器由两个部件构成，X，Y 分别是这两个部件的寿命（千小时），已知 $(X，Y)$ 的联合分布函数 $F(x，y) = \begin{cases} 1 - e^{-0.5x} - e^{-0.5y} + e^{-0.5(x+y)}, & x \geq 0, y > 0 \\ 0, & \text{其他} \end{cases}$. 求：

（1）联合概率密度 $f(x，y)$ 及边缘概率密度；

（2）两部件寿命均超过 100 小时的概率.

五、证明题（共 10 分）

18. 随机变量 $(X，Y)$ 的概率密度为

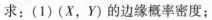

$$f(x，y) = \begin{cases} 3x, & 0 < x < 1, 0 < y < x \\ 0, & \text{其他} \end{cases}$$

求：（1）$(X，Y)$ 的边缘概率密度；

（2）条件概率密度；

（3）X，Y 是否相互独立，并证明.

第4章 随机变量的数字特征

§4.1 随机变量的数学期望

一、填空题

1. 设连续型随机变量 X 的概率密度为 $f(x) = \begin{cases} a\sin x + b, & 0 \leqslant x \leqslant \dfrac{\pi}{2}, \\ 0, & \text{其他} \end{cases}$，且 $E(X) = \dfrac{4 + \pi}{8}$，则 $a = \underline{\qquad\qquad}$，$b = \underline{\qquad\qquad}$．

2. 若随机变量 X 的数学期望 $E(X)$，则 $E[E(E(X))] = \underline{\qquad\qquad}$．

3. 设随机变量 X 的分布律为 $P\{x = i\} = C\left(\dfrac{2}{3}\right)^i (i = 1,\ 2,\ 3)$，则 $E(X) = \underline{\qquad\qquad}$，$E(-2X + 1) = \underline{\qquad\qquad}$，$E(X^2) = \underline{\qquad\qquad}$．

4. 设随机变量 X 服从参数为 1 的指数分布，则数学期望 $E(3X + \mathrm{e}^{-2X}) = \underline{\qquad\qquad}$．

5. 已知二维随机变量 $(X,\ Y)$ 的分布律为

Y＼X	1	2	3
−1	0.2	0.1	0
0	0.1	0	0.3
1	0.1	0.1	0.1

则 $E(X) = \underline{\qquad\qquad}$，$E(Y) = \underline{\qquad\qquad}$，$E[(X - Y)^2] = \underline{\qquad\qquad}$．

6. （2019 考研）设随机变量 X 的概率密度为 $f(x) = \begin{cases} \dfrac{x}{2}, & 0 < x < 2 \\ 0, & \text{其他} \end{cases}$，$F(x)$ 为 X 的分布函数，$E(X)$ 为 X 的数学期望，则 $P\{F(X) > E(X) - 1\} = \underline{\qquad\qquad}$．

题6

7. （2017 考研）设随机变量 X 的分布函数为 $F(x) = 0.5\Phi(x) + 0.5\Phi\left(\dfrac{x - 4}{2}\right)$，其中 $\Phi(x)$ 为标准正态分布函数，则 $E(X) = \underline{\qquad\qquad}$．

题7

二、计算题

8. 设 $X \sim N(\mu, \sigma^2)$，求 $E(|X - \mu|)$.

9. 设 (X, Y) 的概率密度为 $f(x, y) = \begin{cases} 12y^2, & 0 \leqslant y \leqslant x \leqslant 1 \\ 0, & 其他 \end{cases}$，求 $E(X)$，$E(Y)$，$E(XY)$，$E(X^2 + Y^2)$.

10. 设 A 在第 i 次试验中出现的概率为 p_i，X 表示 A 前 n 次试验中出现的次数，求 $E(X)$.

三、综合题

11. 据统计，一位 40 岁的健康者，在 5 年内仍活着的概率为 p，保险公司开设 5 年人寿保险，参加者需交保险费 a 元，若 5 年内死亡，公司赔偿 b $(b>a)$ 元．应如何确定 b 才能使公司可望获益？

§4.2 随机变量的方差

一、填空题

1. 盒中有 2 个白球，3 个黑球，从中任取 3 个，X 表示取到的白球个数，Y 表示取到的黑球个数，则：$E(X) = \underline{\hspace{3cm}}$，$D(X) = \underline{\hspace{3cm}}$，$E(Y) = \underline{\hspace{3cm}}$，$D(Y) = \underline{\hspace{3cm}}$．

2. 设随机变量 $X \sim B(n, p)$，且 $E(X) = 2.4$，$D(X) = 1.44$，则 $n = \underline{\hspace{3cm}}$，$p = \underline{\hspace{3cm}}$，$P\{X \leqslant 1\} = \underline{\hspace{3cm}}$．

3. 设 $X_1 \sim U(0, 6)$，$X_2 \sim N(0, 4)$，$X_3 \sim P(3)$ 且 X_1，X_2，X_3 相互独立，则 $E(X_1 + 2X_2 - 3X_3 + 4) = \underline{\hspace{3cm}}$，$D(X_1 + 2X_2 - 3X_3 + 4) = \underline{\hspace{3cm}}$．

4. 设随机变量 X 的概率密度为 $f(x) = \dfrac{1}{2\sqrt{\pi}} e^{-\frac{1}{4}x^2 + \frac{1}{2}x - \frac{1}{4}}$，$-\infty < x < +\infty$，则 $D(X) = \underline{\hspace{3cm}}$．

5. 设随机变量 X 服从参数为 λ 的泊松分布，且已知 $E[(X-1)(X-2)] = 1$，则 $\lambda = \underline{\hspace{3cm}}$．

6. （2019 考研）设随机变量 X 和 Y 相互独立，且都服从正态分布 $N(\mu, \sigma^2)$，$P\{|X - Y| < 1\}$ 与 μ $\underline{\hspace{2cm}}$（无关或者有关），与 σ^2 $\underline{\hspace{2cm}}$（无关或者有关）．

题6

二、计算题

7. 已知 X 的概率密度为 $f(x) = \begin{cases} Ax^2 + Bx, & 0 < x < 1 \\ 0, & \text{其他} \end{cases}$，其中 A，B 是常数，且 $E(X) =$ 0.5.

（1）求 A，B；

（2）设 $Y = X^2$，求 $E(Y)$，$D(Y)$.

8. 设二维连续型随机变量 (X, Y) 的联合概率密度为

$$f(x, y) = \begin{cases} y e^{-(x+y)}, & x > 0, \quad y > 0 \\ 0, & \text{其他} \end{cases}$$

令 $Z = XY$，求 Z 的数学期望与方差.

9. 设随机变量 X 和 Y 的联合分布在以点 $(0，1)$，$(1，0)$，$(1，1)$ 为顶点的三角形区域上服从均匀分布，试求 $Z = X + Y$ 的方差.

三、综合题

10. 一台设备由三大部分构成，在设备运转中各部件需要调整的概率相应为 0.1，0.2，0.3. 假设备部件的状态相互独立，以 X 表示同时需要调整的部件数，求 X 的数学期望 $E(X)$ 和方差 $E(Y)$.

11. 袋中有 n 张卡片，记号码为 1，2，…，n，从中有放回地抽出 k 张卡片，求所得号码之和 X 的数学期望与方差.

§4.3　协方差、相关系数与矩

一、填空题

1. 设 $D(X) = 4$，$D(Y) = 9$，$\rho_{XY} = 0.6$，则 $D(3X - 2Y) =$ _____ .

2. 设随机变量 X 和 Y 相互独立，同服从正态分布 $N(\mu,\ \sigma^2)$，令 $\xi = \alpha X + \beta Y$，　$\eta = \alpha X - \beta Y$，则 $\rho_{\xi\eta} =$ _____ .

3. 将一枚硬币掷 n 次，以 X 和 Y 分别表示正面向上和反面向上的次数，则 X 和 Y 的相关系数为 $\rho_{XY} =$ _____ .

4. 设 $E(X) = 2$，$D(X) = 1$，$E(Y) = -2$，$D(Y) = 4$，$\rho_{XY} = -0.5$，则根据切比雪夫不等式 $P\{|X + Y| \geqslant 6\} \leqslant$ _____ .

5. 已知二维随机变量 $(X,\ Y)$ 的分布律为

Y \ X	1	2	3
-1	0.2	0.1	0
0	0.1	0	0.3
1	0.1	0.1	0.1

则 $\rho_{XY} =$ _____ .

6. （2020 考研）设 X 服从区间 $\left(-\dfrac{\pi}{2},\ \dfrac{\pi}{2}\right)$ 的均匀分布，$Y = \sin X$，则 $\mathrm{Cov}(X,\ Y) =$ _____ .

题6

二、计算题

7. 设随机变量 $(X,\ Y)$ 的概率密度为

$$f(x,\ y) = \begin{cases} \dfrac{1}{8}(x + y), & 0 \leqslant x \leqslant 2,\ 0 \leqslant y \leqslant 2 \\ 0, & \text{其他} \end{cases}$$

求 $\mathrm{Cov}(X,\ Y)$，ρ_{XY}.

8. 二维随机变量 (X, Y) 在矩形区域 $D = \{(X, Y) \mid 0 \leqslant x \leqslant 2,\ 0 \leqslant y \leqslant 1\}$ 上服从均匀分布，记 $\xi = \begin{cases} 0, & X \leqslant Y \\ 1, & X > Y \end{cases}$，$\eta = \begin{cases} 0, & X \leqslant 2Y \\ 1, & X > 2Y \end{cases}$，求 $\xi,\ \eta$ 的相关系数.

9. 假设随机变量 X 的概率密度为 $f(x) = c e^{-|x|}$　$(-\infty < x < +\infty)$，$Y = |X|$. 求：

(1) 常数 c 及 $E(X)$，$D(X)$；

(2) X 和 Y 是否相关? 为什么?

(3) X 和 Y 是否独立? 为什么?

10.（2020 考研）二维随机变量 (X, Y) 在 $D = \{(x, y) \mid 0 < y < \sqrt{1 - x^2}\}$ 上服从均匀分布.

$$Z_1 = \begin{cases} 1, & X - Y > 0 \\ 0, & X - Y \leq 0 \end{cases}, \qquad Z_2 = \begin{cases} 1, & X + Y > 0 \\ 0, & X + Y \leq 0 \end{cases}$$

求：（1）(Z_1, Z_2) 的联合分布律；（2）$\rho_{Z_1 Z_2}$.

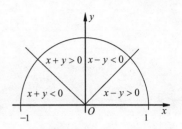

11.（2018 考研）设随机变量 X，Y 相互独立，且 X 的概率分布为 $P\{X = 1\} = P\{X = -1\} = \dfrac{1}{2}$，$Y$ 服从参数为 λ 的泊松分布，令 $Z = XY$. 求：（1）$\mathrm{Cov}(X, Z)$；（2）Z 的概率分布.

三、证明题

12. 设二维随机变量 (X, Y) 的概率密度为 $f(x) = \begin{cases} \dfrac{1}{\pi}, & x^2 + y^2 \leq 1 \\ 0, & \text{其他} \end{cases}$，证明 X 和 Y 不相关，但 X 和 Y 不是相互独立的.

自 测 题 四

一、填空题（每题 3 分，共 15 分）

1. 设 $X \sim E(2)$，$Y \sim E(4)$，则 $E(2X^2 + 3Y) = $ _____ .

2. 设随机变量 $X \sim B(100, 0.1)$，$Y \sim P(2)$，X 和 Y 相互独立，则 $D(X - Y) = $ _____ .

3. 设随机变量 X 在区间 $[-1, 2]$ 上服从均匀分布，随机变量 $Y = \begin{cases} 1, & X > 0 \\ 0, & X = 0 \\ -1, & X < 0 \end{cases}$，则 $D(Y) = $ _____ .

4. 设随机变量 X 的数学期望 $E(X) = \mu$，方差 $D(X) = \sigma^2$，则由切比雪夫不等式 $P\{|X - Y| \geq 3\sigma\} \leq $ _____ .

5. 设随机变量 X 的方差 $D(X) = 2$，则 $E(D(X)) = $ _____ ，$D(E(X)) = $ _____ .

二、选择题（每题 3 分，共 15 分）

6. 设 X 为随机变量，已知 $E(X) = 3$，则 $E(2X - EX) = ($ 　　$)$.

   A. 6　　　　　　　B. 0　　　　　　　C. 12　　　　　　　D. 3

7. 设 (X, Y) 为二维连续型随机变量，则 X 与 Y 不相关的充分必要条件是 $($ 　　$)$.

   A. X 与 Y 相互独立　　　　　　　　B. $E(X + Y) = E(X) + E(Y)$

   C. $E(XY) = E(X)E(Y)$　　　　　　D. $(X, Y) \sim N(\mu_1, \mu_2, \sigma_1^2, \sigma_2^2, 0)$

8. 设 $D(X) = 4$，$D(Y) = 9$，$\rho_{XY} = 0.5$，则 $D(X + 2Y + 5) = ($ 　　$)$.

   A. 52　　　　　　　B. 45　　　　　　　C. 40　　　　　　　D. 22

9. 设二维随机变量 (X, Y) 服从二维正态分布 $(X, Y) \sim N(\mu_1, \mu_2, \sigma_1^2, \sigma_2^2, \rho)$，则 X 与 Y 不相关是 X 与 Y 独立的 $($ 　　$)$ 条件.

   A. 充要　　　　　　　　　　　　　B. 充分不必要

   C. 必要不充分　　　　　　　　　　D. 既不充分也不必要

10. 设随机变量 X 与 Y 相互独立，且同服从 $(0, \theta)(\theta > 0)$ 上的均匀分布，则 $E[\min(X, Y)] = ($ 　　$)$.

题10

   A. $\dfrac{\theta}{2}$　　　　　　B. θ　　　　　　C. $\dfrac{\theta}{3}$　　　　　　D. $\dfrac{\theta}{4}$

三、计算题（每题 10 分，共 40 分）

11. 设二维随机变量 (X, Y) 的联合分布律为

Y \\ X	1	2	3	4	5
1	$\frac{1}{12}$	$\frac{1}{24}$	0	$\frac{1}{24}$	$\frac{1}{30}$
2	$\frac{1}{24}$	$\frac{1}{24}$	$\frac{1}{24}$	$\frac{1}{24}$	$\frac{1}{30}$
3	$\frac{1}{12}$	$\frac{1}{24}$	$\frac{1}{24}$	0	$\frac{1}{30}$
4	$\frac{1}{12}$	0	$\frac{1}{24}$	$\frac{1}{24}$	$\frac{1}{30}$
5	$\frac{1}{24}$	$\frac{1}{24}$	$\frac{1}{24}$	$\frac{1}{24}$	$\frac{1}{30}$

求 X，Y 的相关系数.

12. 设二维随机变量 (X, Y) 的概率密度为

$$f(x, y) = \begin{cases} A(x+y), & 0 \leqslant x \leqslant \dfrac{\pi}{2}, \ 0 \leqslant y \leqslant \dfrac{\pi}{2} \\ 0, & \text{其他} \end{cases}$$

求 A, $E(X)$.

13. 二维随机变量 (X, Y) 在区域 $D = \{(x, y) \mid 0 < x < 1, \ 0 < y < x\}$ 上服从均匀分布, 求 X, Y 的相关系数 ρ.

14. 已知随机变量 X, Y 分别服从正态分布 $N(1, 9)$, $N(0, 16)$, 它们的相关系数 $\rho = -\dfrac{1}{2}$, 设 $Z = \dfrac{X}{3} + \dfrac{Y}{2}$. 求:

(1) Z 的数学期望和方差;

(2) X 与 Z 的相关系数;

(3) 问 X 与 Z 是否相互独立? 为什么?

四、综合题（每题 12 分, 共 24 分）

15. 某人写了 n 封投向不同地址的信, 再写标有这 n 个地址的 n 个信封, 然后在每个信封内随意装入一封信. 若一封信装入标有该信地址的信封称为一个配对. 试求信与地址配对的个数的数学期望与方差.

16. 一商店经销某种商品，每周进货的数量 X（以千克计）与顾客对该种商品的需求量 Y 是相互独立的随机变量，且都服从 $[10, 20]$ 上的均匀分布. 商店每售出一单位商品可得利润 1 000 元；若需求量超过了进货量，商店可从其他地方调剂供应，这时每单位商品可获利润 500 元. 试计算此商店经销该种商品每周所得利润的数学期望.

五、证明题（共 6 分）

17. 若随机变量 X 的二阶矩存在，证明 X 的一阶矩存在.

第 5 章　大数定律与中心极限定理

§5.1　伯努利试验的极限定理

一、填空题

1. 随机从数集 $\{1, 2, 3, 4, 5\}$ 中有返回地取出 n 个数 X_1，X_2，$\cdots$，X_n，$\lim\limits_{n \to +\infty} P\left\{\left|\dfrac{1}{n}\sum\limits_{i=1}^{n} X_i - a\right| < \varepsilon\right\} = 1$ 且 $\lim\limits_{n \to +\infty} P\left\{\left|\dfrac{1}{n}\sum\limits_{i=1}^{n} X_i^2 - b\right| < \varepsilon\right\} = 1$，则 $a = $ ＿＿＿＿＿＿＿＿＿，$b = $ ＿＿＿＿＿＿＿＿＿．

2. 将一枚骰子重复掷 n 次，n 次掷出点数的算术平均值记为 $\overline{X}_n$，对于 $\forall \varepsilon > 0$，$\lim\limits_{n \to +\infty} P\{|\overline{X}_n - a| < \varepsilon\} = 1$，则 $a = $ ＿＿＿＿＿＿＿＿＿．

3. 伯努利大数定律描述的是：事件 A 发生的＿＿＿＿＿＿＿＿＿在一定条件下依概率收敛于事件 A 出现的＿＿＿＿＿＿＿＿＿．

4. 切比雪夫大数定律描述的是：两两不相关的随机变量序列 X_1，X_2，$\cdots$，X_n，在一定条件下 $\overline{X} = \sum\limits_{i=1}^{n} X_i$ 依概率收敛于＿＿＿＿＿＿＿＿＿．

5. 设随机变量序列 X_1，X_2，$\cdots$，X_n 具有如下分布：

X_n	$-na$	0	na
p_k	$\dfrac{1}{2n^2}$	$1 - \dfrac{1}{n^2}$	$\dfrac{1}{2n^2}$

＿＿＿＿＿＿＿＿＿（满足或者不满足）切比雪夫大数定律条件．

二、计算题

6. 设某种商品的合格率为 90%，某单位要想给 100 名职工每人一件这种商品，求该单位至少购买多少件这种商品才能以 97.5% 的概率保证每个人都可以得到一件合格品？

7. 有 100 道单项选择题，每道题中有 4 个备选答案，且其中只有一个答案是正确的，规定选择正确的得 1 分，选择错误的得 0 分，假设无知者对于每个题都是从 4 个备选答案中随机选答，并且没有不选的情况，试计算他能够超过 40 分的概率.

8. 某市保险公司开办一年期人身保险业务，被保险人每年需缴纳保费 160 元，若一年内发生重大人身事故，其本人或家属可获 2 万元赔偿金. 已知该市人员一年内发生重大人身事故的概率为 0.005，现有 5000 人参加保险，求保险公司一年内从此项业务中所得的总收益在 20 万元到 40 万元之间的概率是多少？

§5.3　独立同分布场合的极限定理

一、填空题

1. 设 X_1，X_2，$\cdots$，X_n 是相互独立的随机变量序列，它们服从相同的分布，且 $E(X_i)$ $= a < \infty$，令 $Z_n = \dfrac{1}{n}\sum\limits_{i=1}^{n} X_i$，则对任意的 $\varepsilon > 0$，Z_n 依概率收敛于_____．

2. 设随机变量 X_1，X_2，$\cdots$，X_n 相互独立且同分布，它们的数学期望为 μ，方差为 σ^2，令 $Z_n = \dfrac{1}{n}\sum\limits_{i=1}^{n} X_i$，则对任意的 $\varepsilon > 0$，有 $\lim\limits_{n\to+\infty} P\{|Z_n - \mu| \le \varepsilon\} =$ _____．

3. 设 X_1，X_2，$\cdots$，X_n 是相互独立的随机变量序列，且它们均服从参数为 2 的指数分布，则当 $n \to +\infty$ 时，$\dfrac{1}{n}\sum\limits_{i=1}^{n} X_i^2$ 依概率收敛于_____．

4. 设 X_1，X_2，$\cdots$，X_n 是相互独立的随机变量序列，且 $X_i(i = 1, 2, 3, \cdots)$ 服从参数为 λ 的泊松分布，记 $Y_n = \dfrac{\sum\limits_{i=1}^{n}(X_i - \lambda)}{\sqrt{n}\,\sigma}$，对于任意实数 x，$\lim\limits_{n\to+\infty} P\{Y_n \le x\} =$ _____．

5. 设随机变量 X 的数学期望 $E(X) = 100$，方差 $D(X) = 10$，则由切比雪夫不等式，$P\{80 < X < 120\} \le$ _____．

6. （2020 考研）设 X_1，X_2，$\cdots$，X_n 为来自总体 X 的简单随机样本，其中 $P(X = 0) = P(X = 1) = \dfrac{1}{2}$，$\Phi(x)$ 表示标准正态分布函数，则利用中心极限定理可得 $P\left\{\sum\limits_{i=1}^{100} X_i \le 55\right\}$ 的近似值为_____．

题6

二、计算题

7. 一个公寓有 200 户住户，每个住户拥有汽车辆数 X 的分布律为：

X_i	0	1	2
p_i	0.1	0.6	0.3

求需要多少车位，才能使每辆汽车都有一个车位的概率至少为 0.95.

8. 甲、乙两个戏院在竞争 2000 名观众，假设每个观众随意地选择一个戏院，且观众之间的选择是彼此独立的，求每个戏院应设有多少个座位，才能保证因缺少座位而使观众离去的概率小于 1%？

自　测　题　五

一、填空题（每题 3 分，共 15 分）

1. 设总体 X 服从参数为 1 的泊松分布，X_1，X_2，$\cdots$，X_n 为来自总体 X 的简单随机抽样，当 $n \to \infty$ 时，$Y_n = \dfrac{1}{n} \sum\limits_{i=1}^{n} X_i^2$ 依概率收敛于_____.

2. 设随机变量序列 X_1，X_2，$\cdots$，X_n 相互独立，且都服从参数为 2 的指数分布，则当 n 充分大时，随机变量 $Z_n = \dfrac{1}{n} \sum\limits_{i=1}^{n} X_i$ 的概率分布近似服从_____.

3. 一射击手的命中率为 $\dfrac{1}{2}$，问射击 900 次后，命中次数在 400 ～ 500 的概率为_____（用标准正态分布的分布函数表示）.

4. 中心极限定理阐明有些即使原来并不服从正态分布的一些独立的随机变量，它们的总和的分布渐近地服从_____分布.

5. 设随机变量序列 X_1，X_2，$\cdots$，X_n 满足条件_____，则称随机变量序列 X_1，X_2，$\cdots$，X_n 服从马尔可夫大数定律.

二、选择题（每题 3 分，共 15 分）

6. 设 μ_n 为 n 重伯努利试验中事件 A 发生的次数，p 为每次试验中 A 出现的概率，则对任意的 $\varepsilon > 0$ 时，关于伯努利大数定律的下列说法正确的是（　　）.

    A. $P\left\{ \left| \dfrac{\mu_n}{n} - p \right| \geqslant \varepsilon \right\} = 0$ B. $P\left\{ \left| \dfrac{\mu_n}{n} - p \right| \leqslant \varepsilon \right\} = 1$

    C. $\lim\limits_{n \to \infty} P\left\{ \left| \dfrac{\mu_n}{n} - p \right| \geqslant \varepsilon \right\} = 0$ D. $\lim\limits_{n \to \infty} P\left\{ \left| \dfrac{\mu_n}{n} - p \right| \geqslant \varepsilon \right\} = 1$

7. 设 μ_n 为 n 重伯努利试验中事件 A 发生的次数，p 为每次试验中 A 出现的概率，当 $n \to +\infty$ 时，下面统计量近似服从正态分布的是（　　）.

    A. $Y_n = \dfrac{\mu_n - np}{\sqrt{np(1-p)}}$ B. $Y_n = \dfrac{\mu_n - np}{\sqrt{np}}$

    C. $Y_n = \dfrac{\mu_n - p}{\sqrt{p(1-p)}}$ D. $Y_n = \dfrac{\mu_n - np(1-p)}{\sqrt{np(1-p)}}$

8. 设随机变量 X_1，X_2，$\cdots$，X_n 相互独立且服从参数为 λ 的泊松分布，则下列随机变量序列中不满足切比雪夫大数定律条件的是（　　）.

    A. X_1，X_2，$\cdots$，X_n B. $X_1 + 1$，$X_2 + 2$，$\cdots$，$X_n + n$

    C. X_1，$2X_2$，$\cdots$，nX_n D. X_1，$\dfrac{1}{2}X_2$，$\cdots$，$\dfrac{1}{n}X_n$

9. 设随机变量 X_1，X_2，$\cdots$，X_n 相互独立且服从参数为 $\dfrac{1}{2}$ 的泊松分布，则下列等式

正确的是 (   ).

A. $\lim\limits_{n \to \infty} P\left\{ \dfrac{\sum\limits_{i=1}^{n} X_i - 2}{4} \leqslant x \right\} = \varPhi(x)$ B. $\lim\limits_{n \to \infty} P\left\{ \dfrac{\sum\limits_{i=1}^{n} X_i - 2n}{\sqrt{2n}} \leqslant x \right\} = \varPhi(x)$

C. $\lim\limits_{n \to \infty} P\left\{ \dfrac{\sum\limits_{i=1}^{n} X_i - 2}{2} \leqslant x \right\} = \varPhi(x)$ D. $\lim\limits_{n \to \infty} P\left\{ \dfrac{\sum\limits_{i=1}^{n} X_i - 2n}{2\sqrt{n}} \leqslant x \right\} = \varPhi(x)$

10. 设 $\{X_n\}$ 是独立同分布的随机变量序列，且 $E(X_i) = \mu$，$D(X_i) = \sigma^2 > 0$，当 $n \to \infty$ 时，下列属于统计量近似服从标准正态分布的是 (   ).

A. $Y_n = \dfrac{X_1 + X_2 + \cdots + X_n - n\mu}{\sigma\sqrt{n}}$ B. $Y_n = \dfrac{X_1 + X_2 + \cdots + X_n - \mu}{\sigma}$

C. $Y_n = \dfrac{X_1 + X_2 + \cdots + X_n - n\mu}{\sqrt{n}\sigma}$ D. $Y_n = \dfrac{X_1 + X_2 + \cdots + X_n - n\mu}{\sigma n}$

三、计算题 （每题 15 分，共 45 分）

11. 对敌人的防御地段进行 100 次射击，每次射击时命中目标的炮弹数是一个随机变量，其数学期望为 2，均方差为 1.5. 求在 100 次射击中有 180～220 颗炮弹命中目标的概率.

12. 一家保险公司里有 10 000 人参加保险，每人每年付 120 元保费，在一年内一个人死亡的概率为 0.006，死亡后其家属可向保险公司领得 10 000 元. 求：

（1）保险公司亏本的概率是多少?

（2）保险公司一年利润不少于 400 000 元、600 000 元、800 000 元的概率是多少?

13. 某仪器同时收到 50 个信号 $U_i (i = 1, 2, \cdots, 50)$. 设 U_i 是相互独立的，且都服从 $(0, 10)$ 内的均匀分布. 试求 $P\left\{ \sum_{i=1}^{50} U_i > 300 \right\}$.

四、综合题（14题12分，15题13分，共25分）

14. 设某单位内部有 1000 台电话分机，每台电话分机有 5% 的时间使用外线通话，假设各个电话分机是否使用外线是相互独立的．求该单位总机至少需要安装多少条外线，才能以 95% 以上的概率保证每台分机需要使用外线时不被占用？

15. 用一机床制造大小相同的零件，标准质量为 1 千克，由于随机误差，每个零件的质量在（0.95，1.05）（千克）上均匀分布．设每个零件的质量相互独立．求：（1）制造 1200 个零件，问总质量大于 1202 千克的概率是多少？（2）最多可以制造多少个零件，可使零件质量误差总和的绝对值小于 2 千克的概率不小于 90%？

第6章 数理统计的基本概念

§6.1 总体与样本

一、填空题

1. 某食品厂生产糖果，现从生产线上随机抽取 5 袋糖果，称得其净重为 351，347，355，344，353（单位：克）；则样本均值的观测值为_____，样本方差的观测值为_____，样本二阶中心矩的观测值为_____.

2. 一批产品需要进行抽样检验，以了解产品的合格率 p，用 1 表示合格品，用 0 表示不合格品. 现从这一批产品中随机抽取一个样本容量为 5 的样本，其样本观测值为：0，1，0，1，1，则样本均值的观测值为_____，样本方差的观测值为_____，样本二阶中心矩的观测值为_____.

二、计算题

3. 设总体 X 服从泊松分布 $P(\lambda)$，X_1，X_2，$\cdots$，X_n 是来自 X 的样本，求样本的联合分布律.

4. 设总体 X 服从均匀分布 $U(0, a)$，X_1，X_2，$\cdots$，X_n 是来自 X 的样本，求样本的联合概率密度.

5. 设总体 X 服从参数为 λ 的指数分布 $E(\lambda)$，其中 $\lambda > 0, X_1, X_2, \cdots, X_n$ 是来自 X 的样本，求样本的联合概率密度．

三、证明题

6. $\overline{X} = \dfrac{1}{n}\displaystyle\sum_{i=1}^{n} X_i$ ，证明：$\displaystyle\sum_{i=1}^{n} (X_i - \overline{X})^2 = \displaystyle\sum_{i=1}^{n} X_i^2 - n\,\overline{X}^2$．

四、综合题

7. 设总体 $X \sim N(\mu,\ \sigma^2)$，X_1，X_2，$\cdots$，X_{10} 是来自 X 的样本. 求：

(1) $(X_1,\ X_2,\ \cdots,\ X_{10})$ 的联合概率密度；

(2) $\overline{X} = \dfrac{1}{n} \sum\limits_{i=1}^{n} X_i$ 的概率密度.

§6.2 统计量及其分布

一、填空题

1. 设随机变量 $X \sim N(0,\ 1)$，则 $X^2 \sim$ _____ .

2. 设随机变量 $F \sim F(n_1,\ n_2)$，则 $\dfrac{1}{F}$ 服从_____分布.

3. 设总体 $X \sim N(\mu,\ \sigma^2)$，则 $\overline{X} \sim$ _____，$\dfrac{(n-1)S^2}{\sigma^2} \sim$ _____，

$\dfrac{\overline{X} - \mu}{S/\sqrt{n}} \sim$ _____ .

4. 设 X_1，X_2，X_3，X_4 是来自正态总体 $N(0,\ 4)$ 的简单随机样本，$Y = a\,(X_1 - 2X_2)^2 + b\,(3X_3 - 4X_4)^2$，则 $a =$ _____，$b =$ _____时，Y 服从 χ^2 分布，自由度为_____ .

5. 设总体 $X \sim \chi^2(n)$，X_1，X_2，$\cdots$，X_n 为来自总体 X 的简单随机样本，$\overline{X}$ 和 S^2 分别为样本均值和样本方差，则 $E(\overline{X}) =$ _____，$D(\overline{X}) =$ _____，$E(S^2) =$ _____ .

二、计算题

6. 在总体 $N(8, 3^2)$ 中随机抽一容量为 36 的样本，求样本均值落在区间 $(7.5, 8.5)$ 的概率．（已知 $\Phi(1) = 0.8413$）

7. 设总体 X 的概率密度为 $f(x) = \dfrac{1}{2}e^{-|x|}$ $(-\infty < x < +\infty)$，$X_1, X_2, \cdots, X_n$ 为来自总体 X 的样本，$\overline{X}$ 和 S^2 分别为样本均值和样本方差，求 $E(\overline{X})$，$D(\overline{X})$，$E(S^2)$．

三、证明题

8. 设 X_1，X_2，$\cdots$，X_n 是来自正态总体 $N(0, \sigma^2)$ 的样本，试证：

(1) $\dfrac{1}{\sigma^2} \sum\limits_{i=1}^{n} X_i^2 \sim \chi^2(n)$；

(2) $\dfrac{1}{n\sigma^2} \left(\sum\limits_{i=1}^{n} X_i \right)^2 \sim \chi^2(1)$．

四、综合题

9. 设 X_1，X_2，X_3，X_4，X_5 是来自正态总体 $N(0, 1)$ 的一个样本．

(1) 试给出常数 c，使得 $c(X_1^2 + X_2^2)$ 服从 χ^2 分布，并指出它的自由度；

(2) 试给出常数 d，使得 $d \dfrac{X_1 + X_2}{\sqrt{X_3^2 + X_4^2 + X_5^2}}$ 服从 t 分布，并指出它的自由度．

自 测 题 六

一、填空题（每题 3 分，共 15 分）

1. 设随机变量 $X \sim N(0, 3)$，则 $\dfrac{X^2}{3} \sim$ _____.

2. 设随机变量 $X \sim t(n)$，则 $X^2 \sim$ _____，$\dfrac{1}{X^2} \sim$ _____.

3. 设 $X \sim N(0, 16)$，$Y \sim N(0, 9)$，X 与 Y 相互独立，$X_1, X_2, \cdots, X_9$ 为来自总体 X 的样本，$Y_1, Y_2, \cdots, Y_{16}$ 为来自总体 Y 的样本，则 $\dfrac{X_1{}^2 + X_2{}^2 + \cdots + X_9{}^2}{Y_1{}^2 + Y_2{}^2 + \cdots + Y_{16}{}^2} \sim$

_____.

4. （2009 考研，数三）设 $X_1, X_2, \cdots, X_m$ 为来自二项分布总体 $B(n, p)$ 的简单随机样本，$\overline{X}$ 和 S^2 分别为样本均值和样本方差，则 $E(\overline{X} - S^2) =$

题 4

_____.

5. 设 $X_1, X_2, \cdots, X_n$ 是来自总体 $N(0, 1)$ 的一个简单随机样本，$\overline{X}$ 和 S 分别为样本均值和样本标准差，则 $\dfrac{\sqrt{n}\,\overline{X}}{S} \sim$ _____.

二、选择题（每题 3 分，共 15 分）

6. （2014 考研，数三）设 X_1, X_2, X_3 为来自正态总体 $N(0, \sigma^2)$ 的简单随机样本，则统计量 $S = \dfrac{X_1 - X_2}{\sqrt{2}\,|X_3|}$ 服从的分布为（　　）.

题 6

A. $F(1, 1)$　　　　　B. $F(2, 1)$　　　　　C. $t(1)$　　　　　D. $t(2)$

7. 设总体 $X \sim N(\mu, \sigma^2)$，其中 μ 已知，而 $\sigma > 0$ 未知，$X_1, X_2, \cdots, X_n$ 是来自总体 X 的一个简单随机样本，则下列（　　）不是统计量.

A. $\dfrac{1}{n}\sum\limits_{i=1}^{n} X_i$　　　　　　　　　　　B. $\min\{X_1, X_2, \cdots, X_n\}$

C. $\sum\limits_{i=1}^{n} X_i - n\mu$　　　　　　　　　　　D. $\dfrac{\dfrac{1}{n}\sum\limits_{i=1}^{n} X_i - \mu}{\sigma/\sqrt{n}}$

8. 设某地区成年男子的身高 $X \sim N(173, 10^2)$，现从该地区随机选出 20 名男子，则这 20 名男子的平均身高的方差为（　　）.

A. 10　　　　　　　B. 100　　　　　　　C. 5　　　　　　　D. 0.5

9. 设总体 $X \sim N(0, 4)$，$X_1, X_2, \cdots, X_{15}$ 是来自总体 X 的简单随机样本，则随机变量 $Y = \dfrac{X_1^2 + X_2^2 + \cdots + X_{10}^2}{2(X_{11}^2 + X_{12}^2 + \cdots + X_{15}^2)}$ 服从的分布为（　　）.

A. $\chi^2(15)$　　　　　B. $F(10, 5)$　　　　　C. $F(1, 1)$　　　　D. $t(14)$

10. （2013 考研，数一）设随机变量 $X \sim t(n)$，$Y = X^2 \sim F(1, n)$，给定 $\alpha(0 < \alpha < 0.5)$，若常数 C 满足 $P\{X > C\} = \alpha$，则 $P\{Y > C^2\} = (\qquad)$．

A. α　　　　　　B. $1 - \alpha$　　　　　C. 2α　　　　　D. $1 - 2\alpha$

三、计算题（每题10分，共30分）

11. 从总体 $N(5, 4)$ 中抽取容量为 25 的样本，求样本均值落在区间 $(4.8, 5.4)$ 的概率．（$\Phi(1) = 0.8413$，$\Phi(0.5) = 0.6915$）

12. 求总体 $N(20, 3)$ 的容量分别为 10 和 15 的两独立样本均值之差的绝对值大于 0.3 的概率．（$\Phi(0.42) = 0.6628$）

13. 已知 X_1, X_2, $\cdots$, X_7 独立同分布于 $N(\mu, 1)$，且 $a(X_1 - 2X_2 + X_3)^2 + b(X_4 - X_5 + X_6 - X_7)^2 \sim \chi^2(2)$，求 a, b 的值.

四、证明题（共 10 分）

14. 设 X_1, X_2, $\cdots$, X_9 是来自总体 $N(\mu, \sigma^2)$ 的一个简单随机样本，$Y_1 = \frac{1}{6}(X_1 + X_2 + \cdots + X_6)$，$Y_2 = \frac{1}{3}(X_7 + X_8 + X_9)$，$S^2 = \frac{1}{2}\sum_{i=7}^{9}(X_i - Y_2)^2$，$Z = \frac{\sqrt{2}(Y_1 - Y_2)}{S}$，证明：统计量 $Z \sim t(2)$.

五、综合题 （每题 15 分，共 30 分）

15. 设总体 X 服从 $(0, \theta)$ 上的均匀分布，其中 $\theta > 0$ 未知．X_1，X_2，$\cdots$，X_6 是来自总体 X 的一个简单随机样本．

（1）写出样本的联合概率密度；

（2）指出下列样本函数中哪些是统计量，哪些不是统计量，为什么？

$$T_1 = \frac{X_1 + X_2 + \cdots + X_6}{6}, \quad T_2 = X_6 - \theta, \quad T_3 = X_6 - E(X_1), \quad T_4 = \max\{X_1, X_2, \cdots, X_6\}$$

（3）设样本的一组观测值是：0.5，1，0.7，0.6，1，1，写出样本均值、样本方差和标准差．

16. 设总体 $X \sim B(1, p)$，X_1，X_2，$\cdots$，X_n 是来自 X 的样本．求：

（1）$(X_1, X_2, \cdots, X_n)$ 的联合分布律；

（2）$\displaystyle\sum_{i=1}^{n} X_i$ 的分布律；

（3）$E(\overline{X})$，$D(\overline{X})$，$E(S^2)$．

第7章 参数估计

§7.1 点估计的常用方法

一、填空题

1. 设总体 X 服从 $(0, \theta)$ 上的均匀分布, 其中 $\theta > 0$ 未知, X_1, X_2, $\cdots$, X_n 为取自总体 X 的一个简单随机样本, 则 θ 的矩估计量为_____.

2. 设总体 $X \sim B(10, p)$, 其中参数 $0 < p < 1$ 未知. 设 X_1, X_2, $\cdots$, X_n 为来自总体 X 的一个简单随机样本, 则参数 p 的矩估计量为_____, 最大似然估计量为_____.

3. 设总体 X 的均值 μ 及方差 $\sigma^2 > 0$ 都存在, 但 μ, σ^2 均为未知的. 设 X_1, X_2, $\cdots$, X_n 为取自总体 X 的一个简单随机样本, 则 μ 的矩估计量为_____, σ^2 的矩估计量为_____.

4. 若一个样本的观测值为 0, 0, 1, 1, 0, 1, 则总体均值的矩估计值为_____, 总体方差的矩估计值为_____.

二、计算题

5. 设总体 X 服从泊松分布 $P(\lambda)$, 其中 $\lambda > 0$ 未知, X_1, X_2, $\cdots$, X_n 为取自总体 X 的一个简单随机样本, 求参数 λ 的矩估计量和最大似然估计量.

6. 设总体 X 服从参数为 λ 的指数分布, 即概率密度为
$$f(x) = \begin{cases} \lambda e^{-\lambda x}, & x > 0 \\ 0 & x \leqslant 0 \end{cases}$$

其中 $\lambda(\lambda > 0)$ 为未知参数. 求参数 λ 的矩估计量和最大似然估计量.

7. (2009 考研, 数一) 设总体 X 的概率密度为

$$f(x) = \begin{cases} \lambda^2 x \mathrm{e}^{-\lambda x}, & x > 0 \\ 0, & \text{其他} \end{cases}$$

其中, $\lambda\ (\lambda > 0)$ 为未知参数, X_1, X_2, $\cdots$, X_n 为来自该总体的一个简单随机样本. 求:
(1) 参数 λ 的矩估计量; (2) 参数 λ 的最大似然估计量.

8. 设总体 X 的分布律为

X	1	2	3
p	θ^2	$2\theta(1-\theta)$	$(1-\theta)^2$

其中 $\theta(0 < \theta < 1)$ 为未知参数. 已知取得了样本观测值 $x_1 = 1$, $x_2 = 2$, $x_3 = 1$,
试求 θ 的矩估计值和最大似然估计值.

9. （2015 考研，数一、数三）设总体 X 的概率密度为

$$f(x, \theta) = \begin{cases} \dfrac{1}{1-\theta}, & \theta \leq x \leq 1 \\ 0, & \text{其他} \end{cases}$$

其中，θ 为未知参数，$X_1, X_2, \cdots, X_n$ 为来自该总体的一个简单随机样本．求：

(1) θ 的矩估计量；

(2) θ 的最大似然估计量．

三、综合题

10. 设 $X_1, X_2, \cdots, X_n$ 为来自总体 X 的一个简单随机样本，X 的概率密度为

$$f(x) = \begin{cases} \theta x^{\theta-1}, & 0 < x < 1 \\ 0, & \text{其他} \end{cases}$$

其中 $\theta > 0$ 为未知参数．求：

(1) θ 的矩估计量；

(2) θ 的最大似然估计量；

(3) $U = e^{-\frac{1}{\theta}}$ 的最大似然估计量．

11. (2018 考研, 数一、数三) 设总体 X 的概率密度为

$$f(x; \sigma) = \frac{1}{2\sigma} e^{-\frac{|x|}{\sigma}}, \quad -\infty < x < +\infty$$

其中, $\sigma \in (0, +\infty)$ 为未知参数, $X_1, X_2, \cdots, X_n$ 为来自总体 X 的简单随机样本. 求:

(1) σ 的最大似然估计量 $\hat{\sigma}$;

(2) $E(\hat{\sigma})$ 和 $D(\hat{\sigma})$.

§7.2 估计量的评价标准

一、填空题

1. 通常采用的评价估计量优劣的标准有 _____ 、 _____ 、 _____ .

2. 设总体 $X \sim N(\mu, \sigma^2)$, X_1, X_2, X_3 为来自总体 X 的简单随机样本, 则当 $a =$ _____ 时, $\hat{\mu} = \frac{1}{7} X_1 + a X_2 + \frac{4}{7} X_3$ 是未知参数 μ 的无偏估计.

3. 设 X_1, X_2, X_3 为来自总体 X 的简单随机样本, $\hat{\mu}_1 = \frac{1}{4}(X_1 + b X_2 + X_3)$, $\hat{\mu}_2 =$

$\frac{1}{6}(cX_1 + X_2 + X_3)$ 是总体均值的两个无偏估计，则 $b =$ ＿＿＿＿＿＿＿＿，$c =$
＿＿＿＿＿＿＿．

4. 在处理快艇的 6 次试验数据中，得到最大航速 V 的 6 个值 27，38，30，37，35，31
（单位：米/秒），则 V 的数学期望的无偏估计值是＿＿＿＿＿＿＿＿，V 的方差的无偏估计
值是＿＿＿＿＿＿＿．

二、证明题

5. 设 X_1，X_2，X_3 为来自总体 $N(\mu, \sigma^2)$ 的简单随机样本，

$$\hat{\mu}_1 = \frac{1}{6}X_1 + \frac{1}{3}X_2 + \frac{1}{2}X_3, \quad \hat{\mu}_2 = \frac{2}{5}X_1 + \frac{1}{5}X_2 + \frac{2}{5}X_3$$

证明：$\hat{\mu}_1$ 和 $\hat{\mu}_2$ 都是总体均值 μ 的无偏估计，并进一步判断哪一个更有效．

三、计算题

6. 设 X_1，X_2，X_3，X_4 是来自均值为 θ 的指数分布总体的样本，其中 θ 未知．设有估
计量：

$$T_1 = \frac{1}{6}(X_1 + X_2) + \frac{1}{3}(X_3 + X_4)$$

$$T_2 = \frac{1}{5}(X_1 + 2X_2 + 3X_3 + 4X_4)$$

$$T_3 = \frac{1}{4}(X_1 + X_2 + X_3 + X_4)$$

（1）指出 T_1，T_2，T_3 中哪几个是 θ 的无偏估计量；
（2）在上述 θ 的无偏估计中哪一个较为有效．

四、综合题

7.（2008 考研，数一、数三）设 X_1，X_2，$\cdots$，X_n 为来自总体 $N(\mu,\ \sigma^2)$ 的简单随机样本，记

$$\overline{X} = \frac{1}{n}\sum_{i=1}^{n}X_i, \qquad S^2 = \frac{1}{n-1}\sum_{i=1}^{n}(X_i - \overline{X})^2, \qquad T = \overline{X}^2 - \frac{1}{n}S^2$$

（1）证明：T 是 μ^2 的无偏估计量；

（2）当 $\mu = 0$，$\sigma = 1$ 时，求 $D(T)$．

8. 设 X_1，X_2，$\cdots$，X_n 为来自总体 $N(\mu,\ \sigma^2)$ 的简单随机样本，其中 μ 已知，$\sigma^2 > 0$ 为未知参数．

（1）求未知参数 σ^2 的极大似然估计量 $\hat{\sigma}^2$；

（2）判断 $\hat{\sigma}^2$ 是否为未知参数 σ^2 的无偏估计．

§7.3 区间估计

一、填空题

1. 设总体 $X \sim N(\mu, \sigma^2)$，X_1，X_2，$\cdots$，X_n 为该总体的简单随机样本，$\bar{X}$ 和 S^2 分别为样本均值和样本方差，则当 σ^2 已知时，μ 的置信水平为 $1 - \alpha$ 的置信区间为_____；当 σ^2 未知时，μ 的置信水平为 $1 - \alpha$ 的置信区间为_____.

2. 设总体 $X \sim N(\mu, \sigma^2)$，参数 μ 未知，X_1，X_2，$\cdots$，X_n 为该总体的简单随机样本，$\bar{X}$ 和 S^2 分别为样本均值和样本方差，则 σ^2 的置信水平为 $1 - \alpha$ 的置信区间为_____.

3. 设总体 $X \sim N(\mu, 0.4^2)$，$(x_1, x_2, \cdots, x_{16})$ 是从总体中抽取的一个简单随机样本的样本观测值，算得 $\bar{x} = 10.12$，则 μ 的置信水平为 0.95 的置信区间为_____.（已知：$Z_{0.025} = 1.96$，$Z_{0.05} = 1.645$）

4. 设一批产品的某一指标 $X \sim N(\mu, \sigma^2)$，从中随机抽取容量为 25 的样本，测得样本方差的观测值 $s^2 = 100$，则总体方差 σ^2 的置信水平为 0.95 的置信区间为_____.（已知：$\chi^2_{0.025}(24) = 39.364$，$\chi^2_{0.975}(24) = 12.401$）

5. （2016 考研，数一）设 X_1，X_2，$\cdots$，X_n 为来自总体 $N(\mu, \sigma^2)$ 的简单随机样本，样本均值 $\bar{x} = 9.5$，参数 μ 的置信水平为 0.95 的双侧置信区间的置信上限为 10.8，则 μ 的置信水平为 0.95 的双侧置信区间为_____.

题5

二、计算题

6. 设某种油漆的 9 个样品，其干燥时间（以小时计）分别为：

$$6.0, \ 5.7, \ 5.8, \ 6.5, \ 7.0, \ 6.3, \ 5.6, \ 6.1, \ 5.0$$

设干燥时间总体服从正态分布 $N(\mu, \sigma^2)$.

(1) 当 $\sigma = 0.6$ 时，求 μ 的置信水平为 0.95 的置信区间；

(2) 当 σ 未知时，求 μ 的置信水平为 0.95 的置信区间.

（已知：$Z_{0.025} = 1.96$，$t_{0.025}(8) = 2.306$）

7. 随机地取某种炮弹 9 发做试验, 得炮弹速度的样本标准差为 $s = 11$ 米/秒. 设炮弹速度服从正态分布 $N(\mu, \sigma^2)$, 求这种炮弹的速度的方差 σ^2 和均方差 σ 的置信水平为 0.95 的双侧置信区间. (已知: $\chi_{0.025}^2(8) = 17.535$, $\chi_{0.975}^2(8) = 2.18$)

8. 设超大牵伸纺织机所纺的纱的断裂强度服从正态分布 $N(\mu_1, 2.18^2)$, 普通纺织机所纺的纱的断裂强度服从正态分布 $N(\mu_2, 1.76^2)$. 现对前者抽取容量为 200 的样本, 算得 $\bar{x} = 5.32$, 对后者抽取容量为 100 的样本, 算得 $\bar{y} = 5.75$. 求 $\mu_1 - \mu_2$ 的置信水平为 0.95 的置信区间.

9. 设两位化验员 A, B 独立地对某种聚合物含氯量用相同的方法各做 10 次测定, 其测定值的样本方差依次为 $s_A^2 = 0.5419$, $s_B^2 = 0.6065$. 设 σ_A^2, σ_B^2 分别为 A, B 所测定的测定值的总体方差, 设总体均服从正态分布, 且两样本独立. 求方差比 $\dfrac{\sigma_A^2}{\sigma_B^2}$ 的置信水平为 0.95 的置信区间.

自 测 题 七

一、填空题（每题 3 分，共 15 分）

1. 设总体 X 的分布律为

X	1	2	3
p	θ^2	$2\theta(1-\theta)$	$(1-\theta)^2$

其中，$\theta(0 < \theta < 1)$ 为未知参数，X_1，X_2，$\cdots$，X_n 为该总体的简单随机样本，则 θ 的矩估计量为_____．

题1

2. 设总体 $X \sim B(m, p)$，其中参数 $0 < p < 1$ 未知．设 X_1，X_2，$\cdots$，X_n 为来自总体 X 的一个简单随机样本，则参数 p 的矩估计量为_____，最大似然估计量为_____．

3. 设总体 $X \sim N(\mu, \sigma^2)$，X_1，X_2，X_3 为来自总体 X 的一个简单随机样本，则当 $a =$_____时，$\hat{\mu} = \dfrac{1}{2}X_1 + \dfrac{1}{6}X_2 + aX_3$ 是未知参数 μ 的无偏估计．

4. 设 X_1，X_2，$\cdots$，X_n 为来自二项总体 $B(m, p)$ 的一个简单随机样本，$\bar{X}$ 和 S^2 分别为样本均值和样本方差．若 $\bar{X} + kS^2$ 为 mp^2 的无偏估计，则 $k =$_____．

题4

5. 设 X_1，X_2，$\cdots$，X_n 为来自总体 $N(\mu, \sigma^2)$ 的简单随机样本，样本均值 $\bar{x} = 6$，参数 μ 的置信水平为 0.95 的双侧置信区间的置信下限为 5.2，则 μ 的置信水平为 0.95 的双侧置信区间为_____．

二、选择题（每题 3 分，共 15 分）

6. 设 X_1，X_2，$\cdots$，X_n 为来自总体 $N(\mu, \sigma^2)$ 的简单随机样本，则 $\mu^2 + \sigma^2$ 的矩估计量为（　　）．

A. $\dfrac{1}{n}\sum\limits_{i=1}^{n}(X_i - \bar{X})^2$　　　　　　　　B. $\dfrac{1}{n-1}\sum\limits_{i=1}^{n}(X_i - \bar{X})^2$

C. $\sum\limits_{i=1}^{n}X_i^2 - n\bar{X}^2$　　　　　　　　D. $\dfrac{1}{n}\sum\limits_{i=1}^{n}X_i^2$

7. 设 X_1，X_2，X_3 为来自总体 $N(\mu, \sigma^2)$ 的一个简单随机样本，则下列四个 μ 的估计量种最有效的是（　　）．

A. $\dfrac{1}{2}X_1 + \dfrac{1}{4}X_2 + \dfrac{1}{4}X_3$　　　　　　B. $\dfrac{1}{3}X_1 + \dfrac{1}{3}X_2 + \dfrac{1}{3}X_3$

C. $\dfrac{1}{5}X_1 + \dfrac{2}{5}X_2 + \dfrac{2}{5}X_3$　　　　　　D. $\dfrac{2}{3}X_1 + \dfrac{1}{6}X_2 + \dfrac{1}{6}X_3$

8. 设总体 $X \sim N(\mu, 3^2)$，X_1，X_2，$\cdots$，X_9 是来自总体 X 的简单随机样本，测得样本均值 $\bar{X} = 8.34$，则 μ 的置信水平为 0.95 的双侧置信区间为（　　）（已知：$Z_{0.025} = 1.96$，$Z_{0.05} = 1.65$）

A. (6.38, 10.3)   B. (7.36, 9.32)

C. (6.69, 9.99)   D. (7.515, 9.165)

9. 设总体 X 服从参数为 λ 的泊松分布，X_1，X_2，$\cdots$，X_n 为来自该总体的一个简单随机样本，样本均值为 $\overline{X}$，样本方差为 S^2. 已知 $\hat{\lambda} = a\overline{X} + (2 - 3a)S^2$ 为 λ 的无偏估计，则 $a = ($).

A. -1 B. 0   C. $\dfrac{1}{2}$ D. 1

10. 设总体 $X \sim N(\mu, \sigma^2)$，则 μ 的置信区间的长度 L 与置信水平 $1 - \alpha$ 的关系是(   ).

A. $1 - \alpha$ 减小时，L 变小   B. $1 - \alpha$ 减小时，L 增大

C. $1 - \alpha$ 减小时，L 不变   D. $1 - \alpha$ 减小时，L 增减不定

三、计算题（每题10分，共30分）

11. 设总体 X 的分布律为

X	0	1	2	3
p	θ^2	$2\theta(1-\theta)$	θ^2	$1 - 2\theta$

其中，$\theta\left(0 < \theta < \dfrac{1}{2}\right)$ 未知，1，0，3，1，0，2 为其一组样本观测值. 求 θ 的矩估计值和最大似然估计值.

12. （2013 考研，数一、数三）设总体 X 的概率密度为

$$f(x;\ \theta) = \begin{cases} \dfrac{\theta^2}{x^3}\mathrm{e}^{-\frac{\theta}{x}}, & x > 0 \\ 0, & \text{其他} \end{cases}$$

其中，$\theta > 0$ 为未知参数，X_1，X_2，$\cdots$，X_n 为来自总体 X 的一个简单随机样本. 求：

（1）θ 的矩估计量；

（2）θ 的最大似然估计量.

13. （2016 考研，数一）设总体 X 的概率密度为

$$f(x;\theta) = \begin{cases} \dfrac{3x^2}{\theta^3}, & 0 < x < \theta \\ 0, & \text{其他} \end{cases}$$

其中，$\theta \in (0, +\infty)$ 为未知参数，X_1，X_2，X_3 为来自总体 X 的简单随机样本，令 $T = \max\{X_1, X_2, X_3\}$.

（1）求 T 的概率密度；

（2）确定 a，使 aT 为 θ 的无偏估计.

四、证明题（共 10 分）

14. 设从均值为 μ，方差为 $\sigma^2 > 0$ 的总体中分别抽取容量为 n_1 和 n_2 的两独立样本，$\overline{X}_1$ 和 $\overline{X}_2$ 分别是两样本的均值. 试证：对任意常数 a，b 满足 $a + b = 1$ 时，$Y = a\overline{X}_1 + b\overline{X}_2$ 都是 μ 的无偏估计，并确定 a，b 使 $D(Y)$ 达到最小.

五、综合题（每题 15 分，共 30 分）

15. 设 0.50，1.25，0.80，2.00 是总体 X 的简单随机样本值，已知 $Y = \ln X$ 服从正态分布 $N(\mu,\ 1)$．

（1）求 X 的数学期望 $E(X)$（记 $E(X)$ 为 b）；

（2）求 μ 的置信水平为 0.95 的置信区间；

（3）利用上述结果求 b 的置信水平为 0.95 的置信区间．（已知：$Z_{0.025} = 1.96$）

16. （2014 考研，数一）设总体 X 的分布函数为

$$F(x;\ \theta) = \begin{cases} 1 - \mathrm{e}^{-\frac{x^2}{\theta}}, & x \geq 0 \\ 0, & x < 0 \end{cases}$$

其中，$\theta > 0$ 为未知参数，$X_1,\ X_2,\ \cdots,\ X_n$ 为来自总体 X 的一个简单随机样本．

（1）求 $E(X)$ 与 $E(X^2)$；

（2）求 θ 的最大似然估计量 $\hat{\theta}_n$；

（3）是否存在实数 a，使得对任何 $\varepsilon > 0$，都有 $\lim\limits_{n \to \infty} P\{|\hat{\theta}_n - a| \geq \varepsilon\} = 0$?

第8章 假设检验

§8.1 假设检验的基本概念

一、填空题

1. 在假设检验问题中，第一类错误是指_____错误，第二类错误是指_____错误.

2. 做假设检验时，若检验结果是拒绝原假设 H_0，对这个结果的解释应该是_____.

3. 在显著性检验中，若要使犯两类错误的概率同时变小，则只有增加_____.

4. 设 α，β 分别是假设检验中第一类和第二类错误的概率，且 H_0，H_1 分别为原假设和备择假设，则

（1）$P\{$接受 $H_0 | H_0$ 不真$\}$ = _____；（2）$P\{$拒绝 $H_0 | H_0$ 真$\}$ = _____；

（3）$P\{$拒绝 $H_0 | H_0$ 不真$\}$ = _____；（4）$P\{$接受 $H_0 | H_0$ 真$\}$ = _____.

二、计算题

5. 为了测试品酒师的鉴别能力，将甲、乙两种味道和颜色都极为相似的各 4 杯酒混合在一起. 如果从中挑出 4 杯，能够将甲种酒全部挑出，算品酒成功一次.

（1）某人随机地去猜，问他猜中成功一次的概率是多少？

（2）某品酒师声称通过品尝能够区分两种酒，他连续品酒 10 次，成功 3 次，试推断他是否的确对这两种酒有区分能力（设多次试验是相互独立的）.

三、证明题

6. 在本节的例子中，参数 θ 为产品的次品率 $(0 < \theta < 1)$，为了判断生产过程是否稳定正常，做出假设 $H_0: 0 < \theta \leqslant 0.01$；$H_1: \theta > 0.01$. 证明：犯第一类错误的概率 $\alpha(\theta)$ 单调递增，犯第二类错误的概率 $\beta(\theta)$ 单调递减.

四、综合题

7. 处理假设检验问题的具体步骤包括哪些？

§8.2 单个正态总体的假设检验

一、填空题

1. 设 X_1，X_2，$\cdots$，X_n 为来自正态总体 $N(\mu, \sigma^2)$ 的样本，σ^2 已知，现要检验假设 $H_0: \mu \leqslant \mu_0$，$H_1: \mu > \mu_0$，则应选取的统计量是_____；在显著性水平 α 下，应取拒绝域为_____.

2. 设 X_1，X_2，$\cdots$，X_n 为来自正态总体 $N(\mu, \sigma^2)$ 的样本，σ^2 未知，现要检验假设 $H_0: \mu = \mu_0$，则应选取的统计量是_____；当 H_0 成立时，该统计量服从_____分布.

3. 设 $\overline{X} = \dfrac{1}{n}\sum_{i=1}^{n} X_i$ 为来自正态总体 $N(\mu, \sigma^2)$ 的样本均值，μ 未知，欲检验假设 $H_0:$ $\sigma^2 = \sigma_0^2$（σ_0^2 已知），应用_____检验法，检验的统计量为_____.

4. 林场造林若干亩，从中抽取 50 棵树，测得平均树高为 9.2 米，样本方差为 1.6 平方米. 设树高服从正态分布, 问此林场的树高与 10 米的差异是否显著? 取 $\alpha = 0.05$, 对该问题提出假设 H_0: _____, H_1: _____, 使用 _____检验法.

二、计算题

5. 某种产品的质量 $X \sim N(12, 1)$ (单位: 克), 更新设备后, 从新生产的产品中随机地抽取 100 个, 测得样本均值 $\bar{x} = 12.5$ 克. 如果方差没有发生变化, 问设备更新后, 产品的平均质量是否有显著变化? ($\alpha = 0.1$)

6. 化肥厂引进新的自动打包机包装化肥. 某日测得 9 包化肥的质量 (千克) 如下:

　　49.7　　49.8　　50.3　　50.5　　49.7　　50.1　　49.9　　50.5　　50.4

已知每包化肥的质量服从正态分布, 问是否可以认为每包化肥的平均质量为 50 千克? ($\alpha = 0.05$)

7. 某纺织厂生产的某种产品的纤度用 X 表示, 在稳定生产时, 可假定 $X \sim N(\mu, \sigma^2)$, 其均方差 $\sigma = 0.048$. 现在随机抽取 5 根纤维, 测得其纤度为

　　1.32　　1.55　　1.36　　1.40　　1.44

试问总体 X 的方差有无显著变化? ($\alpha = 0.05$)

三、证明题

8. 某种电子元件的寿命 X 服从正态分布 $N(\mu, \sigma^2)$，其中 μ, σ^2 均为未知. 现测得随机抽出的 16 个元件的寿命（单位：小时）如下：

$$159 \quad 280 \quad 101 \quad 212 \quad 224 \quad 379 \quad 179 \quad 264$$
$$222 \quad 362 \quad 168 \quad 250 \quad 149 \quad 260 \quad 485 \quad 170$$

证明：在显著性水平 $\alpha = 0.05$ 的条件下，有理由认为元件的平均寿命不大于 225 小时.

四、综合题

9. 设从正态总体 $N(\mu, 9)$ 中抽取容量为 n 的样本 $X_1, X_2, \cdots, X_n$，问 n 不能超过多少，才能在 $\overline{x} = 21$ 的条件下接受假设 $H_0: \mu = 21.5$？（$\alpha = 0.05$）

§8.3　两个正态总体的假设检验

一、填空题

1. 设总体 X 和 Y 独立，且 $X \sim N(\mu_1, \sigma_1^2)$，$Y \sim N(\mu_2, \sigma_2^2)$，四个参数均未知，分别从 X 和 Y 得到容量为 n_1 和 n_2 的样本．其样本均值分别是 $\overline{X}$ 和 $\overline{Y}$，样本方差分别是 S_1^2 和 S_2^2，对假设 $H_0: \sigma_1^2 = \sigma_2^2$；$H_1: \sigma_1^2 \neq \sigma_2^2$ 进行假设检验时，通常采用的统计量是 _____，其自由度是_____．

2. 从甲、乙两个矿山的铁矿石分别抽得容量为 5，4 的样本，测得甲、乙两个矿山的含铁量（%）如下：

甲矿：　24.3　20.8　23.7　21.3　17.4

乙矿：　18.3　16.9　20.2　16.7

设两个矿山中铁矿石的含铁量服从正态分布，并且方差相等，问甲、乙两个矿山铁矿石的含铁量有无显著差异？取 $\alpha = 0.05$，对该问题提出假设 H_0：_____，H_1：_____，使用_____检验法．如果没有方差相等的条件，这时应该先检验假设 H_0：_____，H_1：_____，使用_____检验法．

二、计算题

3. 某商店从两个灯泡厂各购进一批灯泡，假定灯泡的使用寿命各服从正态分布 $N(\mu_1, 80^2)$ 和 $N(\mu_2, 94^2)$．今从两批灯泡中各取 50 个灯泡进行检测，测得灯泡的平均寿命分别为 1282（小时）和 1208（小时），可否由此认为两个灯泡厂的灯泡寿命相同？（$\alpha = 0.02$）

4. 某厂分别由两组工人用两种不同工艺组装同一种仪器，两组工人的人数分别为 10 名和 8 名，平均每人装一台仪器所需的时间分别为 25.1 分钟和 29.5 分钟，两组所需时间标准差分别为 12 分钟和 10.5 分钟．若所需时间服从正态分布且方差相等，可否认为两种工艺所需平均时间也相同？（ $\alpha = 0.05$ ）

5. 两台机器加工同一种零件，假定其加工出来的零件尺寸服从正态分布．分别抽取若干个样本，测量零件的尺寸（厘米）如下：

第一台机器：　6.2　5.7　6.5　6.0　6.3　5.8　5.7　6.0　6.0　5.8　6.0

第二台机器：　5.6　5.9　5.6　5.7　5.8　6.0　5.5　5.7　5.5

求这两台机器的加工精度是否有显著差异？（ $\alpha = 0.05$ ）

三、证明题

6. 从甲地发送一个信号到乙地. 设乙地接收到的信号值是一个服从正态分布 $N(\mu, 0.2^2)$ 的随机变量，其中 μ 为从甲地发送的真实信号值. 现在甲地重复发送同一信号 5 次，乙地接收到的信号值为

8.05　　8.15　　8.2　　8.1　　8.25

证明：乙地有理由猜测甲地发送的信号值为 8. （$\alpha = 0.05$）

四、综合题

7. 为了提高振动板的硬度，热处理车间选择两种淬火温度 T_1 和 T_2 进行试验，测得振动板的硬度数据如下：

T_1：　　85.6　85.9　85.7　85.8　85.7　86.0　85.5　85.4

T_2：　　86.2　85.7　86.5　85.7　85.8　86.3　86.0　85.8

设两种淬火温度下振动板的硬度都服从正态分布，检验：（$\alpha = 0.05$）

（1）两种淬火温度下振动板硬度的方差是否有显著差异？

（2）淬火温度对振动板的硬度是否有显著影响？

自 测 题 八

一、填空题（每题 3 分，共 15 分）

1. U 检验和 t 检验都是关于 _____ 的假设检验，当 _____ 已知时，用 U 检验；当_____ 未知时，用 t 检验.

2. 设样本 x_1, x_2, $\cdots$, x_n 来自正态总体 $N(\mu, 9)$，假设检验问题为 $H_0: \mu = 0$；$H_1: \mu \neq 0$，则在显著性水平 α 下，检验的拒绝域 $W = $ _____.

3. 设总体 $X \sim N(\mu, \sigma^2)$，通过抽取样本 x_1, x_2, $\cdots$, x_n 检验假设 $H_0: \sigma^2 = \sigma_0^2$，采用的统计量是_____.

4. 在产品检验时，原假设 H_0：产品合格. 为了使"次品混入正品"的可能性很小，在样本容量 n 固定的条件下，显著性水平 α 应取_____（填空"大些"或"小些"）.

5. 设总体 $X \sim N(\mu_1, \sigma_1^2)$，$X_1$, X_2, $\cdots$, X_m 是来自 X 的简单随机样本，总体 $Y \sim N(\mu_2, \sigma_2^2)$，$Y_1$, Y_2, $\cdots$, Y_n 是来自 Y 的简单随机样本，且 μ_1, μ_2, σ_1^2, σ_2^2 均为未知参数，两样本相互独立. 令 $F = \dfrac{(n-1)\sum\limits_{i=1}^{m}(X_i - \bar{X})^2}{(m-1)\sum\limits_{i=1}^{n}(Y_i - \bar{Y})^2}$，则检验假设（显著性水平 α）H_0：$\sigma_1^2 \geqslant \sigma_2^2$，$H_1$：$\sigma_1^2 < \sigma_2^2$ 的拒绝域为_____.

二、单选题（每题 3 分，共 15 分）

6. 下列说明正确的是（   ）.

   A. 如果备择假设是正确的，但做出拒绝备择假设结论，则犯了弃真错误

   B. 如果备择假设是错误的，但做出接受备择假设结论，则犯了取伪错误

   C. 如果原假设是错误的，但做出接受备择假设结论，则犯了取伪错误

   D. 如果原假设是正确的，但做出接受备择假设结论，则犯了弃真错误

7. 参数的区间估计法与参数的假设检验法，都是统计推断的重要内容，两种方法的关系是（   ）.

   A. 没有任何相同之处

   B. 假设检验法隐含了区间估计法

   C. 区间估计法隐含了假设检验法

   D. 两种方法虽然提法不同，但解决问题的途径是相通的

8. 在假设检验问题中，检验水平 α 的意义是（   ）.

   A. 原假设 H_0 成立，经检验被拒绝的概率

   B. 原假设 H_0 成立，经检验不被拒绝的概率

   C. 原假设 H_0 不成立，经检验被拒绝的概率

   D. 原假设 H_0 不成立，经检验不被拒绝的概率

9. 设 $\bar{X}$ 和 S^2 是来自正态总体 $N(\mu, \sigma^2)$ 的样本均值和样本方差，样本容量为 n，

$|\overline{X} - \mu_0| > t_{0.05}(n - 1)\dfrac{S}{\sqrt{n}}$ 为 （　　　）.

　　A. $H_0: \mu = \mu_0$ 的拒绝域　　　　　　B. $H_0: \mu = \mu_0$ 的接受域

　　C. μ 的一个置信区间　　　　　　　　D. σ^2 的一个置信区间

10. 设总体 $X \sim N(\mu, \sigma^2)$，其中参数 μ 已知，σ^2 未知，X_1, X_2, $\cdots$, X_n 是来自总体 X 的简单随机样本，对于给定的显著性水平 α（$0 < \alpha < 1$），检验假设 $H_0: \sigma^2 = \sigma_0^2$，$H_1:$ $\sigma^2 \neq \sigma_0^2$ 时，选取的检验统计量是（　　　）.

　　A. $\chi^2(n - 1)$　　　　B. $\chi^2(n)$　　　　C. $N(0, 1)$　　　　D. $F(n - 1, n)$

三、计算题（每题 8 分，共 40 分）

11. 某厂生产的铁丝的折断力为 $X \sim N(570, 64)$，现在进行技术革新之后，经检验方差不会改变. 今从新生产的铁丝中随机抽取 10 根，测得折断力如下（单位：千克力）：

　　　　575　　560　　565　　580　　585　　586　　575　　582　　570　　570

问新产品的平均折断力是否有显著改变？（$\alpha = 0.05$）

12. 一自动车床加工零件的长度服从正态分布 $N(\mu, \sigma^2)$，车床正常工作时，加工零件长度的均值为 10.5，经过一段时间的生产后，要检验一下该车床是否工作正常. 为此随机抽取该车床加工的 31 个零件，测得均值为 11.08，标准差为 0.516. 设加工零件长度的方差不变，问此车床是否可以认为工作正常？（$\alpha = 0.05$）

13. 某村在水稻全面收割前，随机抽取 10 块地进行实测，亩产量（单位：公斤）分别为：

$$540 \quad 632 \quad 674 \quad 694 \quad 695 \quad 705 \quad 680 \quad 780 \quad 845 \quad 736$$

若水稻亩产量服从正态分布，可否认为该村水稻亩产量的标准差不再是去年的数值 75 公斤？（$\alpha = 0.05$）

14. 在 10 块条件相同的地块上对甲、乙两种玉米进行评比试验，测得亩产量（单位：公斤）如下：

甲： 951   966   1008   1082   983
乙： 730   864   742   774   990

假定亩产量服从正态分布，且两品种亩产量方差相同．求两种玉米的亩产量有无显著差异？（$\alpha = 0.05$）

15. 用两台机器生产同一金属部件，分别在两台机器所生产的部件中各抽取一容量 $n_1 = 60$，$n_2 = 40$ 的样本，测得部件重量（以千克计）的样本方差分别为 $s_1^2 = 15.46$，$s_2^2 = 9.66$．设两样本相互独立，总体分别服从 $N(\mu_1, \sigma_1^2)$，$N(\mu_2, \sigma_2^2)$ 分布，四个参数均未知，试在置信水平 $\alpha = 0.05$ 下检验假设 $H_0: \sigma_1^2 \leqslant \sigma_2^2$，$H_1: \sigma_1^2 > \sigma_2^2$.

四、综合题（每题 10 分，共 20 分）

16. 设有来自正态总体 $X \sim N(\mu, \sigma^2)$，容量为 100 的样本，样本均值 $\bar{x} = 2.7$，μ，σ^2 均未知，而 $\sum\limits_{i=1}^{100} (x_i - \bar{x})^2 = 225$. 在水平 $\alpha = 0.05$ 下，检验下列假设：

（1）$H_0: \mu = 3$，$H_1: \mu \neq 3$；

（2）$H_0: \sigma^2 = 2.5$，$H_1: \sigma^2 \neq 2.5$.

17. 设样本 X_1，X_2，$\cdots$，X_{25} 来自正态总体 $N(\mu, 3^2)$，其中，μ 为未知参数，对检验假设 $H_0: \mu = \mu_0$，$H_1: \mu \neq \mu_0$ 取如下拒绝域 $\{|\bar{X} - \mu_0| \geqslant c\}$，其中 $\bar{X}$ 为样本均值. 求：

（1）常数 c，使检验的显著性水平为 0.05；

（2）$\mu = \mu_1$ 时犯第二类错误的概率，这里 $\mu_1 \neq \mu_0$.

五、证明题 (每题 5 分，共 10 分)

18. 总体 $X \sim N(\mu, 1)$，X_1，X_2，$\cdots$，X_n 是来自总体 X 的一个简单随机样本，设 $\overline{X}$ 是样本均值，记 $U = \sqrt{n}(\overline{X} - \mu_0)$，其中 μ_0 是已知常数，记 $V = \{U \geqslant 1.96\}$，试证明对于假设 $H_0: \mu = \mu_0$，以 V 做否定域的检验的第一类错误概率等于 0.025.

19. 检验了 26 匹马，测得每 100 毫升的血清中所含的无机磷均值为 3.29 毫升，标准差为 0.27 毫升；又检验了 18 头羊，每 100 毫升血清中含无机磷均值为 3.96 毫升，标准差为 0.40 毫升. 设马和羊的血清中含无机磷的量都服从正态分布，试证明在显著性水平 $\alpha = 0.05$ 的条件下，马和羊的血清中无机磷的含量有显著差异.

概率论与数理统计试卷 A 卷

一、填空题（每题 3 分，共 15 分）

1. 设 A，B，C 为三个事件，用 A，B，C 的运算关系表示 "A，B，C 都不发生"为 _____ .

2. 已知 $P(A) = \dfrac{1}{5}$，$P(B \mid A) = \dfrac{5}{7}$，$P(B) = \dfrac{6}{7}$，则 $P(A \mid B) =$ _____ .

3. 设 ξ 服从参数为 λ 的泊松分布，且已知 $P\{\xi = 7\} = P\{\xi = 9\}$，则 $\lambda =$ _____ .

4. 设二维连续型随机变量 (X, Y) 服从二维正态分布 $N(2, 0, 1, 2, 0)$，则概率 $P\{XY - 2Y < 0\} =$ _____ .

5. 设随机变量 ξ_1，ξ_2，$\cdots$，ξ_9 独立同分布，$E(\xi_i) = 1$，$D(\xi_i) = 1$（$i = 1, 2, \cdots, 9$），则不等式 $P\left\{ \left| \sum\limits_{i=1}^{9} \xi_i - 9 \right| \leqslant 9 \right\} \geqslant$ _____ .

二、单选题（每题 3 分，共 15 分）

6. 若 A，B 为任意两个随机事件，则（ ）.

    A. $P(AB)^3 \geqslant P(A)P(B)$ B. $P(AB) \leqslant P(A)P(B)$

    C. $P(AB)^3 \geqslant \dfrac{P(A) + P(B)}{2}$ D. $P(AB) \leqslant \dfrac{P(A) + P(B)}{2}$

7. 函数 $F(x) = \begin{cases} 0, & x < -1 \\ \dfrac{1}{8}, & x = -1 \\ ax + b, & -1 < x < 1 \\ 1, & 1 \leqslant x \end{cases}$，且 $P\{X = 1\} = \dfrac{1}{2}$，则常数 a，b 分别为（ ）.

    A. $\dfrac{3}{16}$，$\dfrac{5}{16}$ B. $\dfrac{5}{16}$，$\dfrac{3}{16}$ C. $\dfrac{5}{16}$，$\dfrac{7}{16}$ D. $\dfrac{7}{16}$，$\dfrac{3}{16}$

8. 设随机变量 X 满足 $E(X) = \mu$，$D(X) = \sigma^2 (\sigma > 0)$，$C$ 是任意常数，则下列选项中正确的是（ ）.

    A. $E(X - C)^2 = E(X - \mu)^2$ B. $E(X - C)^2 = E(X^2) - C^2$

    C. $E(X - C)^2 \leqslant E(X - \mu)^2$ D. $E(X - C)^2 \geqslant E(X - \mu)^2$

9. 总体 $X \sim N(m, s^2)$，其中 m 已知，s^2 未知，X_1，X_2，X_3 为来自总体 X 的样本，则下列各项中不是统计量的是（ ）.

    A. $\min\{X_1, X_2, X_3\}$ B. $\sum\limits_{i=1}^{3} \left(\dfrac{X_i - \mu}{\sigma} \right)^2$

    C. $\dfrac{X_1 + X_2 + X_3}{3}$ D. $\dfrac{1}{3} \sum\limits_{i=1}^{3} (X_i - \mu)^2$

10. 样本 X_1，X_2，$\cdots$，X_{32} 来自总体 $N(m_1,\ 64)$，样本 Y_1，Y_2，$\cdots$，Y_{18} 来自总体 $N(m_2,\ 36)$，且两总体相互独立. 若样本均值 $\overline{X}=60$，$\overline{Y}=55$，则下列是 m_1-m_2 置信度为 95% 的置信区间的是（已知：$Z_{0.05}=1.65$，$Z_{0.025}=1.96$）（   ）.

A. $(1.7,\ 8.3)$ B. $(3.35,\ 6.65)$

C. $(1.08,\ 8.92)$ D. $(3.04,\ 6.96)$

三、计算题（每题 10 分，共 70 分）

11. 已知相互独立的三个事件 A，B，C 的概率为 $P(A)=P(B)=P(C)=\dfrac{1}{5}$，则事件 A，B，C 至少有一个会发生的概率是多少？

12. 1981 年约翰·辛克利行刺里根总统的消息在当时引起了极大关注. 在庭审阶段，他的辩护律师以患精神分裂症为由为其作无罪辩护. 当时以 CAT 扫描其脑部，发现其有脑萎缩症状. 作证的医师提供的数据显示，当给患有精神分裂症的人扫描时有 30% 的人显示为脑萎缩，给正常人扫描时只有 2% 的人显示为脑萎缩. 据了解，美国当时精神分裂症的发病率为 1.5%. 根据 CAT 的扫描结果，试求辛克利确实患精神分裂症的概率.

13. 设随机变量 X 服从参数为 $l=1$ 的指数分布，求变量 $Y=2X^2+1$ 的概率密度.

14. 设 X_1，X_2，X_3，X_4 为来自总体 $X \sim N(0，1)$ 的样本，请确定适当的常数 C，当统计量 $Y = \dfrac{CX_1}{\sqrt{X_2^2 + X_3^2 + X_4^2}}$ 时，使得 Y^2 服从 F 分布，并指出自由度.

15. 设二维随机变量 $(X，Y)$ 的概率密度为
$$f(x，y) = \begin{cases} 4e^{-2y}，& 0 < x < y \\ 0，& \text{其他} \end{cases}$$
求：（1）边缘概率密度 $f_X(x)$；
（2）边缘概率密度 $f_Y(y)$，并判断 X 和 Y 是否独立.

四、综合题（16 题 12 分，17 题 8 分，共 20 分）

16. 设 X_1，X_2，$\cdots$，X_n 为来自均匀分布总体 $X \sim U(0，q)$ 的简单随机样本，其中未知参数 $q>0$. 求：

（1）q 的极大似然估计量 $\hat{q}$；

（2）$\hat{q}$ 的概率密度函数；

（3）判断 $\hat{q}$ 是否是 q 的无偏估计量，证明所得的判断.

17. 某男子用 n 把看上去样子相同的钥匙开门，已知其中只有一把钥匙能打开这扇门，而且取任一把钥匙开门是等可能的.

（1）当该男子神志清醒时，每把钥匙试开一次失败后除去，在余下的钥匙中选取一把继续开门，直至成功，试开次数记为 X，求 X 的数学期望 $E(X)$；

（2）当该男子喝醉酒时，对试开过的钥匙没有印象，每次试开都是在所有的 n 把钥匙中选取一把开门，直至成功，试开次数记为 Y，求 Y 的数学期望 $E(Y)$.

概率论与数理统计试卷 B 卷

一、填空题 (每题 3 分，共 15 分)

1. 已知事件 A 与 B 相互独立，$P(A \cup B) = 0.6$，$P(A) = 0.4$，则 $P(B) =$ _____.

2. 已知随机变量 X 服从 $[1, 5]$ 上的均匀分布，则 $P\{2 \leq X \leq 4\} =$ _____.

3. 设 $X \sim N(2, \sigma^2)$，且 $P\{2 < X < 4\} = 0.3$，则 $P\{X < 0\} =$ _____.

4. 设 X_1，X_2，X_3，X_4 是来自正态总体 $N(0, 4)$ 的样本，令 $Y = (X_1 + X_2)^2 + (X_3 - X_4)^2$，则 $C =$ _____ 时，$CY \sim \chi^2(2)$.

5. 设 $X \sim B(100, 0.2)$，由中心极限定理，$P\{|X - 20| \leq 4\} =$ _____. (($\Phi(1) = 0.84$))

二、单选题 (每题 3 分，共 15 分)

6. 设 A，B，C 是三个事件，则 $\overline{A} \, \overline{B} \, \overline{C}$ 表示（　　）.

   A. A，B，C 中有一个发生   B. A，B，C 中恰有两个发生

   C. A，B，C 中不多于一个发生   D. A，B，C 都不发生

7. 设 X_1，X_2，X_3 是来自正态总体 $N(\mu, \sigma^2)$ 的一个简单随机样本，其中 μ 已知，σ^2 未知，则（　　）不是统计量.

   A. $X_1 + X_2 + X_3$ B. $\max\{X_1, X_2, X_3\}$

   C. $\displaystyle\sum_{i=1}^{3} \frac{X_i^2}{\sigma^2}$ D. $X_1 - \mu$

8. 已知随机变量 X，Y 相互独立，且它们分别在 $[-1, 3]$ 和 $[2, 4]$ 上服从均匀分布，则 $E(XY) =$（　　）.

   A. 3   B. 6   C. 10   D. 12

9. 设随机变量 X 的概率密度为 $f(x)$，满足 $f(x) = f(-x)$，$F(x)$ 是 x 的分布函数，则对任意的 a 有（　　）.

   A. $F(-a) = 1 - \displaystyle\int_0^a f(x)\,\mathrm{d}x$ B. $F(-a) = \dfrac{1}{2} - \displaystyle\int_0^a f(x)\,\mathrm{d}x$

   C. $F(-a) = F(a)$ D. $F(-a) = 2F(a) - 1$

10. 设 $X_1 + X_2$ 是来自总体 X 的一个简单随机样本，最有效的无偏估计是（　　）.

   A. $\hat{\mu} = \dfrac{1}{2}X_1 + \dfrac{1}{2}X_2$ B. $\hat{\mu} = \dfrac{1}{3}X_1 + \dfrac{2}{3}X_2$

   C. $\hat{\mu}X_1 + \dfrac{3}{4}X_2$ D. $\hat{\mu} = \dfrac{2}{5}X_1 + \dfrac{3}{5}X_2$

三、计算题 (每题 10 分，共 70 分)

11. 有两种花籽，发芽率分别为 0.8，0.9，从中各取一颗，设各花籽是否发芽相互独立. 求：

(1) 这两颗花籽都能发芽的概率；

（2）至少有一颗能发芽的概率．

12. 某人外出可以乘坐飞机、火车、轮船、汽车四种交通工具，其概率分别为 5%，15%，30%，50%，乘坐这几种交通工具能如期到达的概率依次为 100%，70%，60%，90%，已知该人晚点到达，求他此行乘坐火车的概率．

13. 设随机变量 X 的概率密度为 $f(x) = \begin{cases} Ax, & 0 \leqslant x \leqslant 1 \\ 0, & 其他 \end{cases}$，求：（1）$A$；（2）$X$ 的分布函数 $F(x)$；（3）$P\{0.5 < x < 2\}$．

14. 已知随机变量 (X, Y) 的联合分布律为

X \ Y	0	1
0	0.1	0.15
1	0.25	0.20
2	0.15	a

求：（1）系数 a；

（2）$P\{X \leq 1, Y \leq 1\}$；

（3）$X+Y$ 的分布律.

15. 设射手有 3 发子弹，射一次命中率为 $\dfrac{2}{3}$，如果命中了就停止射击，否则一直独立射到子弹用尽. 求：

（1）耗用子弹数的分布律；

（2）$E(X)$，$D(X)$.

16. 设二维连续型随机变量 (X, Y) 的联合概率密度为

$$f(x) = \begin{cases} Ae^{-(2x+3y)}, & x > 0, \ y > 0 \\ 0, & \text{其他} \end{cases}$$

（1）求系数 A；

（2）判断 X 与 Y 是否相互独立，说明理由；

（3）求 $P\{0 \leq X \leq 2, \ 0 \leq Y \leq 1\}$.

17. 设总体 X 的概率密度为 $f(x) = \begin{cases} (\lambda + 1)x^{\lambda}, & 0 < x < 1 \\ 0, & \text{其他} \end{cases}$，其中 λ 为未知参数，$(X_1, X_2, \cdots, X_n)$ 是来自总体 X 的一个样本，$(x_1, x_2, \cdots, x_n)$ 为相应的样本值，求参数 λ 的矩估计量和极大似然估计量.

概率论与数理统计试卷 C 卷

一、填空题(每题 3 分，共 15 分)

1. 掷一个均匀的骰子，骰子的点数是 3 的概率为＿＿＿＿＿＿＿ ．

2. 设 X 服从区间（0，1）上的均匀分布，则 $P\left\{\dfrac{1}{4} < X < \dfrac{2}{3}\right\} =$ ＿＿＿＿＿＿＿ ．

3. 设随机变量 X 服从正态分布 $N(2，9)$ ，则 $E(X + 2) =$ ＿＿＿＿＿＿＿ ．

4. 设 X_1，X_2，X_3，X_4 是来自总体 $N(0，1)$ 的简单随机样本，则统计量 $\dfrac{X_1 - X_2}{\sqrt{X_3^2 + X_4^2}}$ 服从＿＿＿＿＿＿＿分布 ．

5. 某次数学考试的成绩 X 的均值是 72 分，方差是 36 . 利用切比雪夫不等式估计考生的成绩在 60 分至 84 分之间的概率 $p \geqslant$ ＿＿＿＿＿＿＿ ．

二、单选题(每题 3 分，共 15 分)

6. 设随机事件 A 与 B 满足 $A \cap B = \varnothing$ ，$P(A - B) = 0.3$ ，则 $P(A) = ($ 　　$)$ ．
　　A. 0.1　　　　　B. 0.2　　　　　C. 0.3　　　　　D. 0.4

7. 设随机变量 X 的分布函数为 $F(x) = \dfrac{1}{2} + A\arctan x$ ，$-\infty < x < +\infty$ ，则（　　）．

　　A. $A = \dfrac{1}{\pi}$　　　　B. $A = \pi$　　　　C. $A = \dfrac{1}{2\pi}$　　　　D. $A = 2\pi$

8. 设随机变量 X 与 Y 相互独立，$D(X) = 2$，$D(Y) = 3$，则 $D(X + Y) = ($ 　　$)$ ．
　　A. 2　　　　　B. 3　　　　　C. 5　　　　　D. 6

9. 设总体 $X \sim N(\mu，0.4^2)$，X_1，X_2，$\cdots$，X_{16} 是来自总体 X 的简单随机样本，测得样本均值 $\overline{X} = 10.12$，则 μ 的置信水平为 0.95 的双侧置信区间为（　　）（已知：$Z_{0.025} = 1.96$，$Z_{0.05} = 1.65$）．
　　A.（10.038，10.203）　　　　　　B.（9.955，10.285）
　　C.（10.022，10.218）　　　　　　D.（9.924，10.316）

10. 设 X_1，X_2，X_3 是来自正态总体 $N(\mu，\sigma^2)$ 的容量为 3 的样本，则下列四个 μ 的估计量中最有效的是（　　）．

　　A. $\dfrac{1}{2}X_1 + \dfrac{1}{4}X_2 + \dfrac{1}{4}X_3$　　　　　　　　B. $\dfrac{1}{3}X_1 + \dfrac{1}{3}X_2 + \dfrac{1}{3}X_3$

　　C. $\dfrac{1}{5}X_1 + \dfrac{2}{5}X_2 + \dfrac{2}{5}X_3$　　　　　　　　D. $\dfrac{2}{3}X_1 + \dfrac{1}{6}X_2 + \dfrac{1}{6}X_3$

三、计算题(每题 10 分，共 70 分)

11. 已知男子有 5% 是色盲患者，女子有 3% 是色盲患者 . 现从男、女人数相等的人群中随机地挑选一人 . 求：

（1）发现此人恰好是色盲患者的概率是多少？

（2）如果知道此人是色盲患者，问此人是男子的概率是多少？

12. 设有事件 A，B，C，满足 A 和 B 相互独立，$B \cap C = \varnothing$，$P(A) = 0.1$，$P(B) = 0.2$，$P(C) = 0.4$，$P(A \mid C) = 0.2$．求：（1）$P(AC)$；（2）$P(ABC)$；（3）$P(A \cup B \cup C)$．

13. 设随机变量 X 的概率密度为 $f(x) = \begin{cases} ax^3, & 0 < x < 1 \\ 0, & \text{其他} \end{cases}$，求：（1）常数 a；（2）$P\{-1 < X < 0.5\}$；（3）$E(X)$ 和 $D(X)$．

14. 设 (X, Y) 为二维离散型随机变量，其联合分布律为

Y \ X	0	1	2
0	0.1	0.2	0.2
1	b	0.1	0.1

求：（1）常数 b；（2）X 和 Y 各自的边缘分布律；（3）$Z = X + Y$ 的分布律.

15. 某地区 18 岁的女青年的血压 X 服从正态分布 $N(110, 12^2)$. 在该地区任选一18 岁的女青年，测量她的血压（血压以 mmHg 为单位）.

求：（1）血压小于 104 mmHg 的概率；

（2）血压介于 98~122 mmHg 之间的概率.

（附：$\Phi(0.5 = 0.6915$，$\Phi(1) = 0.8413$）

16. 设二维随机变量 (X, Y) 的联合概率密度为

$$f(x, y) = \begin{cases} 6x^2y, & 0 < x < 1, \ 0 < y < 1 \\ 0, & \text{其他} \end{cases}$$

(1) 求 X 和 Y 各自的边缘概率密度；

(2) 证明 X 与 Y 相互独立.

17. 设 $X_1, X_2, \cdots, X_n$ 是来自总体 X 的简单随机样本，X 的概率密度为

$$f(x) = \begin{cases} 3\theta x^{3\theta-1}, & 0 < x < 1 \\ 0, & \text{其他} \end{cases}, \quad \text{其中 } \theta > 0 \text{ 是未知参数.}$$

求：(1) θ 的矩估计量；

(2) θ 的最大似然估计量.

概率论与数理统计试卷 D 卷

一、填空题（每题 3 分，共 15 分）

1. 对于随机事件 A，B，若 A 与 B 相互独立，且 $P(A) = 0.2$，$P(B) = 0.5$，则 $P(\overline{AB}) =$ _____.

2. 将长为 a 的线段任意折成三折，此三折能构成三角形的概率为_____.

3. 若随机变量 $X \sim N(5, 2^2)$，则 $P\{X \leqslant 7\} =$ _____（用标准正态分布函数的记号表示其结果）.

4. 随机从数集 $\{1,2,3,4, 5\}$ 中有返回地取出 n 个数 X_1，X_2，$\cdots$，X_n，对于任意 $\varepsilon > 0$，$\lim\limits_{n \to +\infty} P\left(\left| \dfrac{1}{n} \sum\limits_{i=1}^{n} X_i - a \right| < \varepsilon \right) = 1$，则 $a =$ _____.

5. 若 $Y \sim \chi^3(3)$，则 $D(2Y + 2020) =$ _____.

二、计算题（6~10 题每题 8 分，11~15 题每题 9 分，共 85 分）

6. 对于随机事件 A_1，A_2，A_3，若 $P(A_1) = 0.1$，$P(A_2) = 0.2$，$P(A_3) = 0.15$，且 $P(A_1 A_2) = 0.05$，且 $P(A_1 A_3) = P(A_2 A_3) = 0$. 求：（1）$P(A_1 A_2 A_3)$；（2）$P(\overline{A}_1 \cap \overline{A}_2 \cap \overline{A}_3)$.

7. 从 1，2，3，4，5 中任取一个数，记为 X，再从 1，2，$\cdots$，X 中任取一个数，记为 Y. 求：

（1）事件 $P\{X = i\}$ $(i = 1, 2, 3, 4, 5)$ 的概率；

（2）事件 $P\{Y = 3\}$ 的概率.

8. 设随机变量 X 的概率分布为 $P\{X = -3\} = \dfrac{1}{3}$，$P\{X = 1\} = a$，$P\{X = 3\} = b$. 若 $D(X) = 5$，求：（1）a，b 之值；（2）$E(X)$.

9. 设 X_1，X_2，X_3，X_4 是来自正态总体 $N(0,\ 2^2)$ 的简单随机样本. 若 $Y = a(X_3 - 2X_2)^2 + b(3X_1 - 4X_4)^2 \sim \chi^2(2)$，试求 a，b 之值.

10. 将三封信随机地投入编号为 1，2，3，4 的四个邮箱. 求：（1）没有信的邮箱数 X 的分布律；（2）$E(X)$，$D(X)$；（3）$Y = 2X + 1$ 的分布律.

11. 设 X_1，X_2，$\cdots$，X_n 是来自总体 X 的简单随机样本，X 的概率密度为
$$f(x) = \begin{cases} \lambda^2 x \mathrm{e}^{-\lambda x}, & x > 0 \\ 0, & \text{其他} \end{cases}$$，其中 $\lambda > 0$ 未知. 求 λ 的一阶矩估计量 $\hat{\lambda}$ 和最大似然估计量 $\widetilde{\lambda}$.

12. 有 100 道单选题, 每个题中有 4 个备选答案, 且其中只有 1 个答案是正确的, 若一题选择正确得 1 分, 选择错误得 0 分. 假设一学生对于每个题目都是从 4 个备选答案中随机地选答, 并且没有不选的情况. 若以随机变量 X 表示某学生在这 100 个单选题中能得到的分数, 求:

（1）X 的分布律;

（2）利用中心极限定理, 近似计算该学生的得分能超过 40 分的概率. ($\sqrt{3} \approx 1.732$, $\Phi(3.5) \approx 0.9998$)

13. 设随机变量 X, Y 的数学期望都等于 1, 方差皆为 2, 其相关系数 $\rho_{XY} = \dfrac{1}{4}$. 若 $U = X + 2Y$, $V = X - 2Y$, 求:

（1）$E(U)$, $E(V)$, $E(UV)$;

（2）$\text{Cov}(X, Y)$, $\text{Cov}(U, V)$;

（3）$D(U)$, $D(V)$, ρ_{UV}.

14. 设随机变量 X，Y 相互独立，且 X 的分布律为 $P\{X=0\}=P\{X=2\}=\dfrac{1}{2}$，$Y$ 的概率密度为 $f(y)=\begin{cases}2y, & 0<y<1 \\ 0, & \text{其他}\end{cases}$. 求：

（1）$E(Y)$；

（2）$P\{Y<E(Y)\}$；

（3）求 $Z=X+Y$ 的概率密度.

15. 某单位职工每天的医疗费服从正态分布 $N(\mu, \sigma^2)$，现抽查了 25 天，得 $\bar{x}=170$ 元，$S=30$ 元，求职工每天医疗费均值 μ 的置信水平为 $1-\alpha=0.95$ 的双侧置信区间. $(t_{0.05}(24)=1.7109,\ t_{0.05}(25)=1.7081,\ t_{0.025}(25)=2.0595,\ t_{0.025}(24)=2.0639)$

参 考 答 案

第1章　概率论的基本概念

§1.1　随机事件与样本空间

一、填空题

1. (1)$A \cup B \cup C$　(2)$A\overline{B}\overline{C} \cup \overline{A}B\overline{C} \cup \overline{A}\,\overline{B}C$　(3)$\overline{A}\,\overline{B}\,\overline{C}$或$\overline{A \cup B \cup C}$

2. $\Omega = \{$绿绿，绿红，红绿，红红$\}$

3. $\Omega = \{(x, y) \mid x^2 + y^2 < R^2\}$

4. $\Omega = \{(2, 6), (3, 5), (4, 4), (5, 3), (6, 2)\}$

5. 12　　　　　　6. $\overline{B}$　　　　　　7. $\varnothing$

二、计算题

8. (1) $\left\{x \,\middle|\, \dfrac{1}{4} \leqslant x \leqslant \dfrac{1}{2}\right\} \cup \left\{x \,\middle|\, 1 < x < \dfrac{3}{2}\right\}$　　(2)Ω　　　(3) B

(4) $\left\{x \,\middle|\, 0 \leqslant x \leqslant \dfrac{1}{2}\right\} \cup \{x \mid 1 < x \leqslant 2\}$

§1.2　随机事件的概率

一、填空题

1. $\dfrac{1}{6}$　　　　　　2. $\dfrac{10}{11}$　　　　　　3. $\dfrac{1}{8}$

4. $\dfrac{\pi}{4}$　　　　　5. $1 - \dfrac{(T - t)^2}{T^2}$　　　　6. $\dfrac{1}{4} + \dfrac{1}{2}\ln 2$

二、计算题

7. (1) $\dfrac{a}{a+b}$　　(2) $\dfrac{a}{a+b}$

8. $\dfrac{1}{2}$

9. $\dfrac{3}{8}$, $\dfrac{9}{16}$, $\dfrac{1}{16}$

10. $\dfrac{1}{2}$

§1.3　概率的公理化定义及性质

一、填空题

1. 0, 1　　　　　　2. 1　　　　　　3. $P(A) + P(B) - P(AB)$

4. $P(A) - P(AB)$　　5. 0　　　　　　6. 0.07

7. 0

二、计算题

8. （1）0 　（2）$\dfrac{5}{6}$ 　（3）0 　（4）0

9. $\dfrac{5}{12}$

§1.4 条件概率与概率公式

一、填空题

1. 0 　　　　　　　　2. 0.1 　　　　　　　3. $1+r-p-q$

4. $\dfrac{3}{4}$ 　　　　　　5. $\dfrac{5}{7}$ 　　　　　6. $\dfrac{1}{42}$

二、计算题

7. （1）$\dfrac{1}{12}$ 　（2）$\dfrac{1}{6}$ 　（3）$\dfrac{1}{3}$

8. （1）$\dfrac{5}{21}$ 　（2）$\dfrac{10}{21}$ 　（3）$\dfrac{11}{21}$

9. 0.18

10. $\dfrac{196}{197}$

11. $\dfrac{28}{43}$

四、综合题

13. （1）0.785 　（2）0.372

14. （1）$\dfrac{m-1}{2M-m-1}$ 　（2）$\dfrac{2m}{M+m-1}$ 　（3）$\dfrac{m（2M-m-1）}{M（m-1）}$ （此题也可以直接思考来做，但学会假设一些基本的事件，利用事件的关系去表达要计算的事件，就可以转化为抽象的代数问题．）

15. （1）$\alpha=0.8+\dfrac{0.4}{5}+\dfrac{1.2}{19}\approx0.943$ 　（2）$\beta=\dfrac{0.8}{0.943}\approx0.848$

16. （1）$\dfrac{1}{82}$ 　（2）$\dfrac{1}{2}$

§1.5 事件的独立性与伯努利概型

一、填空题

1. （1）$\dfrac{19}{27}$ 　（2）$\dfrac{4}{9}$ 　（3）$\dfrac{20}{27}$ 2. 0.18，0.12 　3. 0.6

4. $p^2(2-p)$ 　5. $\dfrac{1}{4}$ 　6. $\dfrac{1}{4}$ 　7. 0.85

二、计算题

8. （1）0.612 　（2）0.997

9. 0.458

10. $p = \dfrac{19}{36}$, $q = \dfrac{1}{18}$

四、综合题

12. 五局三胜制下甲获胜的可能性大.

13.（1）0.3 （2）0.5 （3）0.7

自测题一

一、填空题

1. $\Omega = \{10,\ 11,\ 12,\ \cdots\}$ 2. $\dfrac{13}{28}$ 3. $\dfrac{2}{3}$

4. $\dfrac{4}{7}$ 5. $\dfrac{12}{125}$

二、单选题

6. D   7. C   8. B

9. A   10. C

三、计算题

11.（1）$\dfrac{3}{7}$ （2）$\dfrac{3}{5}$

12. $P(A) = \dfrac{2}{3}$

13. $\dfrac{3}{4}$

14. $\dfrac{2}{m+2^{r}n}$

15. $p^{3}(2-p)^{3}$

四、综合题

16.（1）$\dfrac{(3-p)p}{2}$ （2）$\dfrac{2p}{1+p}$

17. $\dfrac{3}{5}$, $\dfrac{2}{5}$

第2章　一维随机变量及其分布

2.1 随机变量

2.2 离散型随机变量及其分布律

一、填空题

1. 1   2. 5   3. $n = 5$, $p = \dfrac{1}{3}$

4. 1   5. 0.68

二、计算题

6. 分布律为

X	0	1	2
P	$\dfrac{22}{35}$	$\dfrac{12}{35}$	$\dfrac{1}{35}$

7. 最可能次数是 5 次，相应概率为 $C_8^5 (0.6)^5 (0.4)^3$.

8. 当 λ 为正整数时，$K = \lambda$ 或 $K = \lambda + 1$ 时，$P\{X = K\}$ 达到最大；当 λ 不为正整数时，$K = [\lambda]$ 时 $P\{X = K\}$ 达到最大.

9. (1) $P\{X = 2\} \approx \dfrac{0.5^2}{2!} e^{-0.5} = 0.0758$ （查泊松分布表） (2) $P\{X \geqslant 1\} \approx 1 - e^{-0.5} = 0.6065$

10. (1) 0.37112　　(2) 至少需进 9 台

三、证明题

11. 提示：X 表示"该动物下蛋的数量"，Y 表示"k 个蛋中发育成小动物的数量"，$X \sim P(\lambda)$，$Y \sim B(k, p)$，Z 表示"发育成小动物的数量".

$$P\{Z = r\} = \sum_{k=r}^{\infty} P\{X = k, Y = r\} = \sum_{k=r}^{\infty} P\{X = k\} P\{Y = r\} = \sum_{k=r}^{\infty} \frac{\lambda^k e^{-\lambda}}{k!} \cdot \frac{k!}{r!(k-r)!} p^r q^{k-r}$$

$$= \frac{(\lambda p)^r e^{-\lambda p}}{r!}$$

2.3　随机变量的分布函数
2.4　连续型随机变量及其概率密度函数

一、填空题

1. $\dfrac{1}{2}$，$\dfrac{1}{\pi}$，$\dfrac{1}{\pi(1 + x^2)}$　　2. $\dfrac{1}{\sqrt{2\pi}}$，0.5，0　　3. $\dfrac{3}{5}$，$\dfrac{2}{5}$

4. 3　　　　　　　5. 1

二、计算题

6. (1) $F(x) = \begin{cases} 0, & x < 1 \\ 0.2, & 1 \leqslant x < 2 \\ 0.5, & 2 \leqslant x < 3 \\ 1, & 3 \leqslant x \end{cases}$

(2) $P\{X = -1\} = 0.4$，$P\{X = 1\} = 0.4$，$P\{X = 3\} = 0.2$

7. $a = \dfrac{1}{2}$，$b = \dfrac{1}{\pi}$

8. $F(x) = \dfrac{1}{1 + e^{-x}}$　$(-\infty < x < +\infty)$

9. (1) $a = 3$　　(2) $a = 2$

10. （1） 1　　（2） $F(x) = \begin{cases} 0, & x \leqslant -1 \\ \dfrac{(1+x)^2}{2}, & -1 < x \leqslant 0 \\ -\dfrac{1}{2}x^2 + x + \dfrac{1}{2}, & 0 < x \leqslant 1 \\ 1, & x > 1 \end{cases}$　　（3） $\dfrac{3}{4}$

11. （1） $f(t) = \begin{cases} \lambda e^{-\lambda t}, & t > 0 \\ 0, & t \leqslant 0 \end{cases}$　　（2） $e^{-8\lambda}$　　（3） $e^{-8\lambda}$

12. 至少是 183.98 厘米.

三、综合题

13. $\dfrac{9}{64}$

2.5　随机变量函数的分布

一、填空题

1. $N(0, 1)$　　　　　　　2. $N(a\mu + b, (a\sigma)^2)$

3. （1）

X	7	3	1	-1	-3
P	0.1	0.2	0.25	0.2	0.25

（2）

$Y = 2x^2 - 3$	-1	-3	5	15
P	0.4	0.25	0.25	0.1

4. $Y \sim U(0, 1)$　　　　　5. $Y \sim N(48, 15^2)$

二、计算题

6. $f_Y(y) = \begin{cases} \dfrac{1}{y}, & 1 < y < e \\ 0, & 其他 \end{cases}$

7. （1） $f_Y(y) = \begin{cases} \dfrac{1}{2\sqrt{\pi(y-1)}} e^{-\frac{y-1}{4}}, & y > 1 \\ 0, & y \leqslant 0 \end{cases}$

（2） $f_Y(y) = \begin{cases} \sqrt{\dfrac{2}{\pi}} e^{-\frac{y^2}{2}}, & y > 0 \\ 0, & y \leqslant 0 \end{cases}$

8.

Y	-1	1
P	0	1

9.

X^2	0	1	2
P	$\dfrac{7}{15}$	$\dfrac{7}{15}$	$\dfrac{1}{15}$

自测题二

一、填空题

1. 0.5　　　　　2. $\dfrac{1}{2}(\sqrt{5}-1)$　　　　　3. $[1,3]$

4. $\dfrac{1}{\pi}$, $\dfrac{1}{2}$　　　5. 0.2

二、选择题

6. B　　　　　7. C　　　　　8. B

9. A　　　　　10. C

三、计算题

11. $X \sim \begin{bmatrix} 1 & 2 & 3 \\ \dfrac{3}{8} & \dfrac{9}{16} & \dfrac{1}{16} \end{bmatrix}$

12. $F(x) = \begin{cases} \dfrac{1}{2}\mathrm{e}^x, & x < 0 \\[2mm] 1 - \dfrac{1}{2}\mathrm{e}^{-x}, & x \geqslant 0 \end{cases}$

13. (1) $A = \dfrac{1}{2}$, $B = \dfrac{1}{\pi}$　　(2) $f(x) = \begin{cases} \dfrac{1}{\pi\sqrt{a^2 - x^2}}, & |x| < a \\[2mm] 0, & |x| \geqslant a \end{cases}$　　(3) $\dfrac{1}{3}$

14. (1) $\dfrac{3}{5}$　　(2) $\dfrac{1}{4}$

四、综合题

15. (1) 0.9465　　(2) 0.7582

16. 能录用. 提示:$P\{X \geqslant 78\} = 0.2119 < \dfrac{155}{526}$

第3章　多维随机变量及其分布

3.1　二维随机变量
3.2　二维离散型随机变量

一、填空题

1. 3

2. (1)$F(b,c) - F(a,c)$　　(2)$F(a,b) - F(a,b_{-0})$　　(3)$F(+\infty,a) - F(+\infty,0)$

3. $F(x,y) = \begin{cases} 1, & x \geqslant a, y \geqslant b \\ 0, & \text{其他} \end{cases}$

4.

Y \ X	3	4	5
1	$\frac{1}{10}$	$\frac{1}{5}$	$\frac{3}{10}$
2	0	$\frac{1}{10}$	$\frac{1}{5}$
3	0	0	$\frac{1}{10}$

5.

(X, Y)	$(-1, -1)$	$(-1, 1)$	$(1, -1)$	$(1, 1)$
P	$\frac{1}{4}$	0	$\frac{1}{2}$	$\frac{1}{4}$

二、计算题

6.

Y \ X	0	1	2	3
1	0	$\frac{3}{8}$	$\frac{3}{8}$	0
3	$\frac{1}{8}$	0	0	$\frac{1}{8}$

7.

Y \ X	0	1	2	3
0	0	0	$\frac{3}{35}$	$\frac{2}{35}$
1	0	$\frac{6}{35}$	$\frac{12}{35}$	$\frac{2}{35}$
2	$\frac{1}{35}$	$\frac{6}{35}$	$\frac{3}{35}$	0

8. $P\{X = i\} = \dfrac{e^{-(\lambda+\mu)}}{i!}(\lambda+\mu)^i$, $i = 0, 1, 2, \cdots$, $P\{Y = j\} = \dfrac{\lambda^j e^{-\lambda}}{j!}$, $j = 0, 1, 2, \cdots$

三、证明题

9. 不是，证明略.

四、综合题

10.（1）(X, Y) 的边缘分布律

X	1	2	3
P	$\frac{2}{5}$	$\frac{1}{5}$	$\frac{2}{5}$
Y	11	12	13
P	$\frac{1}{5}$	$\frac{1}{5}$	$\frac{3}{5}$

(2) $Y = 13$ 的条件下 X 的条件分布律

X	1	2	3
P	$\dfrac{1}{3}$	$\dfrac{1}{3}$	$\dfrac{1}{3}$

3.3 二维连续型随机变量

一、填空题

1. 12, $1 - e^{-3} - e^{-8} + e^{11}$

2. $f_X(x) = \begin{cases} 2x, & 0 < x < 1, \\ 0, & \text{其他} \end{cases}$

3. $\dfrac{1}{4}$

4. $X \sim N(0,\ 2)$, $Y \sim N(1,\ 3)$

5. $f(x,\ y) = \begin{cases} 6e^{-2x-3y}, & 0 < x,\ 0 < y \\ 0, & \text{其他} \end{cases}$

二、计算题

6. (1) $\dfrac{1}{8}$　(2) $\dfrac{3}{8}$　(3) $\dfrac{27}{32}$

7. (1) $\dfrac{21}{4}$　(2) $f_X(x) = \begin{cases} \dfrac{21}{8}(1-x^4)x^2, & -1 < x < 1, \\ 0, & \text{其他} \end{cases}$ $f_Y(y) = \begin{cases} \dfrac{7}{2}y^{\frac{5}{2}}, & 0 < y < 1, \\ 0, & \text{其他} \end{cases}$

8. $f_{Y|X}(y \mid x) = \begin{cases} \dfrac{1}{2x}, & 0 < x < 1,\ -x < y < x \\ 0, & \text{其他} \end{cases}$, $f_{X|Y}(x \mid y) = \begin{cases} \dfrac{1}{1-y}, & 0 < y < x < 1 \\ \dfrac{1}{1+y}, & -1 < x < y < 0 \\ 0, & \text{其他} \end{cases}$

三、综合题

9. $\dfrac{47}{64}$

3.4 随机变量的独立性
3.5 随机变量的函数的分布

一、填空题

1. $\rho = 0$　　　　　　　2. $X \sim N(0,\ 1)$, $Y \sim N(3,\ 4)$

3. 0　　　　　　　　　　4. $\dfrac{1}{4}$

5. $f_Z(z) = 2[1 - F(z)]f(z)$.

二、计算题

6. (1) $a + b = \dfrac{11}{24}$　(2) $a = \dfrac{1}{12}$, $b = \dfrac{3}{8}$

7. $(M，N)$ 的联合分布律和边缘分布律为

N \ M	1	2	3	P
1	$\dfrac{1}{9}$	$\dfrac{2}{9}$	$\dfrac{2}{9}$	$\dfrac{5}{9}$
2	0	$\dfrac{1}{9}$	$\dfrac{2}{9}$	$\dfrac{3}{9}$
3	0	0	$\dfrac{1}{9}$	$\dfrac{1}{9}$
P	$\dfrac{1}{9}$	$\dfrac{3}{9}$	$\dfrac{5}{9}$	1

8. (1) $f(x，y) = \begin{cases} \dfrac{5}{2} e^{-5x}, & 0 < x < +\infty，0 < y < 2 \\ 0, & 其他 \end{cases}$

(2) $P\{X \geqslant Y\} = \dfrac{1}{10}(1 - e^{-10})$

四、综合题

10. (1) $C = 1$

(2) $f_X(x) = \begin{cases} xe^{-x}, & x > 0 \\ 0, & 其他 \end{cases}$ ，$f_Y(y) = \begin{cases} \dfrac{1}{2} y^2 e^{-y}, & y > 0 \\ 0, & 其他 \end{cases}$

(3) $f_{Y|X}(y \mid x) = \begin{cases} e^{x-y}, & 0 < x < y < +\infty \\ 0, & 其他 \end{cases}$ ，$f_{X|Y}(x \mid y) = \begin{cases} \dfrac{2x}{y^2}, & 0 < x < y < +\infty \\ 0, & 其他 \end{cases}$

(4) $f_Z(z) = \begin{cases} e^{-z} + \left(\dfrac{z}{2} - 1\right) e^{-\frac{z}{2}}, & z > 0 \\ 0, & 其他 \end{cases}$

(5) $f_M(z) = \begin{cases} \dfrac{1}{2} z^2 e^{-z}, & z > 0 \\ 0, & 其他 \end{cases}$ ，$f_N(z) = \begin{cases} \dfrac{1}{2} z^2 e^{-z}, & z > 0 \\ 0, & 其他 \end{cases}$

(6) $1 - e^{-\frac{1}{2}} - e^{-1}$

自测题三

一、填空题

1. $C = 4$，概率为 $1 - 3e^{-2}$

2. $F(x，y) = \begin{cases} 1, & x \geqslant a，y \geqslant b \\ 0, & 其他 \end{cases}$

3. $\dfrac{1}{2e}$

4. $N(0，5)$

5. $f(x，y) = \begin{cases} 6e^{-2x} e^{-3y}, & 0 < x < +\infty，0 < y < +\infty \\ 0, & 其他 \end{cases}$

二、单选题

6. B　　　　　　7. D　　　　　　8. C　　　　　　9. C　　　　　　10. C

三、计算题

11.

n	1	2	3	4	5	6	7	8	9	10
$d(n)$	1	2	2	3	2	4	2	4	3	4
$F(n)$	0	1	1	1	1	2	1	1	1	2

$F(n)/d(n)$	1	2	3	4
0	$\frac{1}{10}$	0	0	0
1	0	$\frac{4}{10}$	$\frac{2}{10}$	$\frac{1}{10}$
2	0	0	0	$\frac{2}{10}$

12. $\dfrac{5}{3}$ 和 $\dfrac{7}{3}$

13. （1）$\dfrac{1}{\pi^2}$　　（2）$\dfrac{1}{16}$

14. （1）$f(x,y)=\begin{cases}\dfrac{1}{2}\,\mathrm{e}^{-Y/2}, & 0<x<1,\ y>0 \\ 0, & \text{其他}\end{cases}$　　（2）0.1445

15. $f_Z(z)=\begin{cases}0, & z\leqslant 0 \\ \dfrac{1}{2}(1-\mathrm{e}^{-z}), & 0<z\leqslant 2 \\ \dfrac{1}{2}(\mathrm{e}^2-1)\,\mathrm{e}^{-z}, & z>2\end{cases}$

四、综合题

16. $P\{M=m\}=2\,\mathrm{e}^{-2\lambda}\dfrac{\lambda^m}{m!}\displaystyle\sum_{j=0}^{m-1}\dfrac{\lambda^j}{j!}+\mathrm{e}^{-2\lambda}\left(\dfrac{\lambda^{2m-2}}{m!}\right),\ m=0,\ 1,\ 2,\ \cdots$

17. （1）$f(x,y)=\begin{cases}0.25\,\mathrm{e}^{-0.5(x+y)}, & x>0,\ y>0 \\ 0, & \text{其他}\end{cases}$，$f_X(x)=\begin{cases}0.5\mathrm{e}^{-0.5x}, & x>0 \\ 0, & \text{其他}\end{cases}$，

$f_Y(y)=\begin{cases}\dfrac{1}{2}\,\mathrm{e}^{-0.5y}, & y>0 \\ 0, & \text{其他}\end{cases}$

（2）$\mathrm{e}^{-0.1}$

五、证明题

18. （1）$f_X(x)=\begin{cases}3x^2, & 0<x<1 \\ 0, & \text{其他}\end{cases}$，$f_Y(y)=\begin{cases}\dfrac{3}{2}(1-y^2), & 0<y<1 \\ 0, & \text{其他}\end{cases}$

$(2) f_{Y|X}(y \mid x) = \begin{cases} \dfrac{1}{x}, & 0 < y < x,\ 0 < x < 1 \\ 0, & \text{其他} \end{cases}$

$f_{X|Y}(x \mid y) = \begin{cases} \dfrac{2x}{1-y^2}, & y < x < 1,\ 0 < y < 1 \\ 0, & \text{其他} \end{cases}$

第4章　随机变量的数字特征

4.1　随机变量的数学期望

一、填空题

1. $a = \dfrac{1}{2}$, $b = \dfrac{1}{\pi}$

2. $E(X)$

3. $E(X) \doteq \dfrac{33}{19}$, $E(-2X+1) = -\dfrac{47}{19}$, $E(X^2) = \dfrac{69}{19}$

4. $\dfrac{10}{3}$

5. $E(X) = 2$, $E(Y) = 0$, $E[(X-Y)^2] = 5$

6. 分析：$E(X) = \displaystyle\int_{-\infty}^{+\infty} x f(x)\,\mathrm{d}x = \int_0^2 \dfrac{x^2}{2}\,\mathrm{d}x = \dfrac{4}{3}$,

$F(x) = \begin{cases} 0, & x < 0 \\ \dfrac{x^2}{4}, & 0 \leqslant x < 2, \\ 1, & x \geqslant 2 \end{cases}$

$P\{F(X) > E(X) - 1\} = P\left\{\dfrac{X^2}{4} > \dfrac{1}{3}\right\} = \displaystyle\int_{\frac{2}{\sqrt{3}}}^{2} \dfrac{x}{2}\,\mathrm{d}x = \dfrac{2}{3}$. 应填 $\dfrac{2}{3}$.

7. 分析：$F(x) = 0.5\Phi(x) + 0.5\Phi\left(\dfrac{x-4}{2}\right)$, $\therefore f(x) = 0.5\varphi(x) + 0.25\varphi\left(\dfrac{x-4}{2}\right)$,

$E(X) = \displaystyle\int_{-\infty}^{+\infty} x f(x)\,\mathrm{d}x = 0.5\int_{-\infty}^{+\infty} x\varphi(x)\,\mathrm{d}x + 0.25 + 0.25\int_{-\infty}^{+\infty} x\varphi\left(\dfrac{x-4}{2}\right)\mathrm{d}x$

$= 0 + 0.25\displaystyle\int_{-\infty}^{+\infty} (2t+4)\varphi(t)\,\mathrm{d}(2t) = 2.$

二、计算题

8. 令 $Z = X - \mu$, 可知 Z 服从正态分布, 且 $E(Z) = 0$, $D(Z) = \sigma^2$, 即 $Z \sim N(0, \sigma^2)$, 所以

$E(|X - \mu|) = E(|Z|) = \displaystyle\int_{-\infty}^{+\infty} |z| \dfrac{1}{\sqrt{2\pi}\,\sigma} \mathrm{e}^{-\frac{z^2}{2\sigma^2}}\,\mathrm{d}z = \sqrt{\dfrac{2}{\pi}}\,\sigma.$

$E(|X - \mu|) = \sqrt{\dfrac{2}{\pi}}\,\sigma.$

9. $f_X(x) = \int_0^x 12y^2 \mathrm{d}y = 4x^3 \quad (0 \leqslant x \leqslant 1)$,

$f_Y(y) = \int_y^1 12y^2 \mathrm{d}x = 12y^2(1 - y) \quad (0 \leqslant y \leqslant 1)$,

$E(X) = \int_0^1 x f_X(x) \mathrm{d}x = \dfrac{4}{5}$,

$E(Y) = \int_0^{+\infty} y f_Y(y) \mathrm{d}x = \dfrac{3}{5}$,

$E(XY) = \int_0^1 x \mathrm{d}x \int_0^x y \cdot 12y^2 \mathrm{d}y = \dfrac{1}{2}$,

$E(X^2) = \int_0^1 x^2 f_X(x) \mathrm{d}x = \dfrac{2}{3}$,

$E(Y^2) = \int_0^1 y^2 f_Y(y) \mathrm{d}x = \dfrac{2}{5}$,

$E(X^2 + Y^2) = \dfrac{16}{15}$,

则 $E(X) = \dfrac{4}{5}$, $E(Y) = \dfrac{3}{5}$, $E(XY) = \dfrac{1}{2}$, $E(X^2 + Y^2) = \dfrac{16}{15}$.

10. $X_i = \begin{cases} 1, & \text{第 } i \text{ 次试验中 } A \text{ 出现} \\ 0, & \text{第 } i \text{ 次试验中 } A \text{ 不出现} \end{cases} \quad (i = 1, 2, \cdots, n)$,

$P\{X = 1\} = p_i$, $P\{X = 0\} = 1 - p_i$, $E(X) = p_i$.

即 X 表示 A 在第 n 次试验中出现的次数, $X = X_1 + X_2 + \cdots + X_n$, 则 $E(X) = p_1 + p_2 + \cdots + p_n$.

三、综合题

11. 以 X 表示公司从一个参加者身上所得的收益, 则 X 是一个随机变量, 其分布律为 $P\{X = a\} = p$, $P\{X = a - b\} = 1 - p$, 公司可望获益, 则需平均收益大于 0, 即 $E(X) > 0$,

而 $E(X) = ap + (a - b)(1 - p) = a - b(1 - p)$, 即 $E(X) > 0$, 则 $a < b < \dfrac{a}{1 - p}$.

4.2　随机变量的方差

一、填空题

1. $E(X) = 1.2$, $D(X) = 0.36$, $E(Y) = 0.18$, $D(Y) = 0.36$

2. $n = 6$, $p = 0.4$, $P\{X \leqslant 1\} = 0.233$

3. $E(X_1 + 2X_2 - 3X_3 + 4) = -2$, $D(X_1 + 2X_2 - 3X_3 + 4) = 46$

4. $D(X) = 2$

5. $\lambda = 1$

6. $E(X - Y) = 0$, $D(X - Y) = DX + DY = 2\sigma^2$.

$P\{|X - Y| < 1\} = P\left\{ \left| \dfrac{X - Y}{\sqrt{2}\sigma} \right| < \dfrac{1}{\sqrt{2}\sigma} \right\}$.

因此, 与 μ 无关, 与 σ^2 有关.

二、计算题

7. （1）$\begin{cases} \int_{-\infty}^{+\infty} f(x)\,\mathrm{d}x = 1 \\ \int_{-\infty}^{+\infty} xf(x)\,\mathrm{d}x = 0.5 \end{cases} \Rightarrow \begin{cases} A = -6 \\ B = 6 \end{cases}$；

（2）$E(Y) = \int_0^1 Yf(x)\,\mathrm{d}x = \dfrac{3}{10}$，$E(Y^2) = \int_0^1 Y^2 f(x)\,\mathrm{d}x = \dfrac{1}{7}$，

$D(Y) = E(Y^2) - E^2(Y) = \dfrac{1}{7} - \dfrac{9}{100} = \dfrac{37}{700}$.

8. $E(Z) = E(XY) = \int_0^{+\infty} x\mathrm{e}^{-x}\,\mathrm{d}x \int_0^{+\infty} y^2 \mathrm{e}^{-y}\,\mathrm{d}y = \int_0^{+\infty} y^2 \mathrm{e}^{-y}\,\mathrm{d}y = 2$，

$E(Z^2) = E(XY)^2 = \int_0^{+\infty} \int_0^{+\infty} x^2 y^3 \mathrm{e}^{-(x+y)}\,\mathrm{d}x\mathrm{d}y = 12$，

$D(Z) = E(Z^2) - E^2(Z) = E(XY)^2 - [E(XY)]^2 = 12 - 4 = 8.$

9. $E(X+Y) = \int_{-\infty}^{+\infty}\int_{-\infty}^{+\infty}(x+y)f(x,y)\,\mathrm{d}x\mathrm{d}y = \int_0^1 \mathrm{d}x \int_{1-x}^1 2(x+y)\,\mathrm{d}y = \dfrac{4}{3}$，

$E(X+Y)^2 = \int_{-\infty}^{+\infty}\int_{-\infty}^{+\infty} 2(x+y)^2\,\mathrm{d}x\mathrm{d}y = \int_0^1 \mathrm{d}x \int_{1-x}^1 2(x-y)^2\,\mathrm{d}y = \dfrac{11}{6}$，

$D(Z) = D(X+Y) = E(X+Y)^2 - E^2(X+Y) = \dfrac{1}{18}$.

三、综合题

10. 设 $X_i = \begin{cases} 1, & \text{若 } A_i \text{ 出现} \\ 0, & \text{若 } A_i \text{ 不出现} \end{cases}$ $(i = 1, 2, 3)$，

$E(X) = E(X_1) + E(X_2) + E(X_3) = 0.6$，$D(X) = 0.46.$

11. 用 X_i 表示第 i 次抽到的卡片的号码，则

$X = \sum_{i=1}^k X_i$，$P\{X_i = j\} = \dfrac{1}{n}$，$E(X_i) = \sum_{j=1}^n j\dfrac{1}{n} = \dfrac{n+1}{2}$，$E(X) = \sum_{i=1}^k E(X_i) = k\dfrac{n+1}{2}$，

$E(X_i^2) = \sum_{j=1}^n j^2 \dfrac{1}{n} = \dfrac{(n+1)(2n+1)}{6}$，

$D(X_i) = E(X_i)^2 - [E(X_i)]^2 = \dfrac{(n+1)(2n+1)}{6} - \dfrac{(n+1)^2}{4} = \dfrac{n^2-1}{12}$，

$D(X) = \sum_{i=1}^k D(X_i) = k\dfrac{n^2-1}{12}.$

4.3 协方差、相关系数与矩

一、填空题

1. 28.8   2. $\dfrac{\alpha^2 - \beta^2}{\alpha^2 + \beta^2}$ 3. $\rho_{XY} = -1$

4. $\dfrac{1}{12}$ 5. $\rho_{XY} = \dfrac{\sqrt{3}}{6}$

6. X 服从区间 $\left(-\dfrac{\pi}{2}, \dfrac{\pi}{2}\right)$ 的均匀分布, 则 X 的概率密度为

$$f(x) = \begin{cases} \dfrac{1}{\pi}, & -\dfrac{\pi}{2} < x < \dfrac{\pi}{2}, \\ 0, & \text{其他} \end{cases} \qquad E(X) = 0.$$

$$\operatorname{Cov}(X, Y) = E(X \sin X) - E(X)E(\sin X),$$

$$E(X \sin X) = \dfrac{1}{\pi} \int_{-\frac{\pi}{2}}^{\frac{\pi}{2}} x \sin x \, \mathrm{d}x = \dfrac{2}{\pi}. \text{ 应填 } \dfrac{2}{\pi}.$$

二、计算题

7. $f_X(x) = \displaystyle\int_0^2 \dfrac{1}{8}(x+y)\,\mathrm{d}y = \dfrac{1+x}{4}$, $\qquad f_Y(y) = \displaystyle\int_0^2 \dfrac{1}{8}(x+y)\,\mathrm{d}x = \dfrac{1+y}{4}$,

$$E(X) = \int_0^2 x f_X(x)\,\mathrm{d}x = \dfrac{7}{6}, \qquad\qquad E(Y) = \int_0^2 y f_Y(y)\,\mathrm{d}y = \dfrac{7}{6}.$$

$$E(XY) = \int_0^2\int_0^2 xy f_X(x)\,\mathrm{d}y\mathrm{d}x = \dfrac{4}{3}, \qquad \operatorname{Cov}(X, Y) = E(XY) - E(X)E(Y) = -\dfrac{1}{36}.$$

$$D(X) = E(X^2) - E^2(X) = \dfrac{11}{36}, \qquad\qquad D(Y) = E(Y^2) - E^2(Y) = \dfrac{11}{36},$$

$$\rho_{XY} = -\dfrac{1}{11}.$$

8. 由题意可得 (X, Y) 的联合概率密度为 $f(x, y) = \begin{cases} \dfrac{1}{2}, & 0 \leqslant x \leqslant 2, \ 0 \leqslant y \leqslant 1 \\ 0, & \text{其他} \end{cases}$,

$\therefore P\{X \leqslant Y\} = \dfrac{1}{2}(\text{矩形中满足 } X \leqslant Y \text{ 的面积}) = \dfrac{1}{4}$,

$\therefore P\{X > Y\} = \dfrac{1}{2}(\text{矩形中满足 } X > Y \text{ 的面积}) = \dfrac{3}{4}$,

同理可得 $P\{X \leqslant 2Y\} = \dfrac{1}{2}$, $P\{X > 2Y\} = \dfrac{1}{2}$,

$$E(\xi) = 0 \times \dfrac{1}{4} + 1 \times \dfrac{3}{4} = \dfrac{3}{4}, \ E(\xi^2) = \dfrac{3}{4}, \ D(\xi) = E(\xi^2) - E^2(\xi) = \dfrac{3}{16},$$

$$E(\eta) = 0 \times \dfrac{1}{2} + 1 \times \dfrac{1}{2} = \dfrac{1}{2}, \ E(\eta^2) = \dfrac{1}{2}, \ D(\eta) = E(\eta^2) - E^2(\eta) = \dfrac{1}{4},$$

$$E(\varepsilon\eta) = 0 \times \left(\dfrac{1}{4} + 0 + \dfrac{1}{4}\right) + 1 \times \dfrac{1}{2} = \dfrac{1}{2},$$

$$\therefore \operatorname{Cov}(\xi, \eta) = E(\xi\eta) - E(\xi)E(\eta) = \dfrac{1}{2} - \dfrac{3}{4} \times \dfrac{1}{2} = \dfrac{1}{8},$$

$$\therefore \rho = \dfrac{\operatorname{Cov}(\xi, \eta)}{\sqrt{D(\xi)} \cdot \sqrt{D(\eta)}} = \dfrac{\sqrt{3}}{3}.$$

9. (1) 由于 $\displaystyle\int_{-\infty}^{+\infty} f(x) = 1$, 所以 $c\displaystyle\int_{-\infty}^{+\infty} \mathrm{e}^{-|x|}\,\mathrm{d}x = 2c\displaystyle\int_0^{+\infty} \mathrm{e}^{-x}\,\mathrm{d}x = 2c = 1$, 故 $c = \dfrac{1}{2}$.

$f(x)$ 是偶函数, 故 $E(X) = \int_{-\infty}^{+\infty} xf(x)\,\mathrm{d}x = 0$, $D(X) = E(X^2) = \int_{-\infty}^{+\infty} x^2 f(x)\,\mathrm{d}x = 2$.

(2) 由于 $f(x)$ 是偶函数, 故 $E(XY) = E(X|X|) = \int_{-\infty}^{+\infty} x|x|f(x)\,\mathrm{d}x = 0$,

而 $E(X) = 0$, 所以 $E(XY) = E(X)E(Y)$, 故 X 和 Y 不相关.

(3) 对任意给定正数 x_0, 事件 $\{|X| < x_0\}$ 包含在事件 $\{x < x_0\}$ 中,

所以, $0 < P\{|X| < x_0\} \leqslant P\{X < x_0\} < 1$,

从而 $P\{X < x_0,\ |X| < x_0\} = P\{|X| < x_0\} > P\{|X| < x_0\}P\{X < x_0\}$,

所以 $\{|X| < x_0\}$ 与 $\{X < x_0\}$ 不独立, 故 X 和 Y 不独立.

10. (1) $P\{Z_1 = 1,\ Z_2 = 1\} = \{X - Y > 0,\ X + Y > 0\} = \dfrac{1}{4}$.

$P\{Z_1 = 1,\ Z_2 = 0\} = P\{X - Y > 0,\ X + Y < 0\} = 0$.

$P\{Z_1 = 0,\ Z_2 = 1\} = P\{X - Y < 0,\ X + Y > 0\} = \dfrac{1}{2}$.

$P\{Z_1 = 0,\ Z_2 = 0\} = P\{X - Y < 0,\ X + Y < 0\} = \dfrac{1}{4}$.

Z_1 \ Z_2	1	0	$P_{Z_1}.$
1	$\dfrac{1}{4}$	0	$\dfrac{1}{4}$
0	$\dfrac{1}{2}$	$\dfrac{1}{4}$	$\dfrac{3}{4}$
$P._{Z_2}$	$\dfrac{3}{4}$	$\dfrac{1}{4}$	

(2) $\rho_{Z_1 Z_2} = \dfrac{E(Z_1 Z_2) - EZ_1 \cdot EZ_2}{\sqrt{EZ_1^2 - (EZ_1)^2} \cdot \sqrt{EZ_2^2 - (EZ_2)^2}} = \dfrac{\dfrac{1}{4} - \dfrac{1}{4} \cdot \dfrac{3}{4}}{\sqrt{\dfrac{1}{4} - \left(\dfrac{1}{4}\right)^2} \cdot \sqrt{\dfrac{3}{4} - \left(\dfrac{3}{4}\right)^2}} = \dfrac{1}{3}$.

11. (1) $\mathrm{Cov}(X,\ Z) = E(XZ) - EX \cdot EZ$

$\qquad\qquad = E(X^2 Y) - EX \cdot E(XY)$

$\qquad\qquad = EX^2 \cdot EY - EX \cdot EX \cdot EY$,

而 $EX = 0$, $EX^2 = 1$, $EY = \lambda$,

$\therefore\ \mathrm{Cov}(X,\ Z) = \lambda$.

(2) $P\{Z = k\} = P\{XY = k\} = P\{X = 1,\ Y = k\} + P\{X = -1,\ Y = -k\}$

$\qquad\qquad = \dfrac{1}{2}P\{Y = k\} + \dfrac{1}{2}P\{Y = -k\}$.

又已知 Y 服从参数为 λ 的泊松分布, 所以 Z 的概率分布为:

① $k = 0$, $P\{Z = 0\} = \dfrac{1}{2}P\{Y = 0\} + \dfrac{1}{2}P\{Y = 0\} = \mathrm{e}^{-\lambda}$;

② $k > 0$, $P\{Z = k\} = \dfrac{1}{2}P\{Y = k\} + \dfrac{1}{2}P\{Y = -k\} = \dfrac{\lambda^k}{2 \cdot k!}\mathrm{e}^{-\lambda}$;

③ $k < 0$, $P\{Z = k\} = \dfrac{1}{2}P\{Y = k\} + \dfrac{1}{2}P\{Y = -k\} = \dfrac{\lambda^{-k}}{2 \cdot (-k)!}e^{-\lambda}$.

三、证明题

12. 由于 $f_X(x) = \begin{cases} \dfrac{2}{\pi}\sqrt{1-x^2}, & -1 \leqslant x \leqslant 1 \\ 0, & \text{其他} \end{cases}$, $f_Y(y) = \begin{cases} \dfrac{2}{\pi}\sqrt{1-y^2}, & -1 \leqslant y \leqslant 1 \\ 0, & \text{其他} \end{cases}$,

$E(X) = 0$, $E(Y) = 0$, $E(XY) = \iint\limits_{x^2+y^2 \leqslant 1} \dfrac{xy}{\pi}\mathrm{d}x\mathrm{d}y = 0$.

所以 X 和 Y 不相关；又因为 $f(x, y) \neq f_X(x)f_Y(y)$，所以 X 和 Y 不是相互独立的.

自测题四

一、填空题

1. $\dfrac{7}{4}$　　2. 11　　3. $\dfrac{8}{9}$　　4. $\dfrac{1}{9}$

5. $E(D(X)) = 2$, $D(E(X)) = 0$

二、选择题

6. D　　7. C　　8. A　　9. A　　10. C

三、计算题

11. $\rho = \dfrac{\mathrm{Cov}(\xi, \eta)}{\sqrt{D(\xi)}\sqrt{D(\eta)}} = \dfrac{3\sqrt{10}}{160}$

12. $A = \dfrac{1}{2}$；$E(X) = \dfrac{\pi}{4}$

13. $\rho = \dfrac{\mathrm{Cov}(X, y)}{\sqrt{D(X)}\sqrt{D(Y)}} = \dfrac{E(XY) - E(X)E(Y)}{\sqrt{D(X)}\sqrt{D(Y)}} = \dfrac{1}{2}$

14. (1) $E(Z) = \dfrac{1}{3}E(X) + \dfrac{1}{2}E(Y) = \dfrac{1}{3} \times 1 + \dfrac{1}{2} \times 0 = \dfrac{1}{3}$,

$D(Z) = D\left(\dfrac{1}{3}X\right) + D\left(\dfrac{1}{2}Y\right) + 2\mathrm{Cov}\left(\dfrac{1}{3}X, \dfrac{1}{2}Y\right)$

$= \dfrac{1}{9}D(X) + \dfrac{1}{4}D(Y) + \dfrac{1}{3}\mathrm{Cov}(X, Y)$

$= 1 + 4 + \dfrac{1}{3}\rho_{XY}\sqrt{D(X)}\sqrt{D(Y)} = 3$.

(2) $\mathrm{Cov}(X, Z) = \dfrac{1}{3}\mathrm{Cov}(X, X) + \dfrac{1}{2}\mathrm{Cov}(X, Y) = 0$, 故 $\rho_{XZ} = 0$.

(3) Z 不一定服从正态分布，而二维随机变量 (X, Z) 的分布更不一定为二维正态分布，所以即使 X 和 Z 不相关，X 和 Z 仍不一定相互独立.

四、综合题

15. 设随机变量 X 表示配对数，令 $X_i = \begin{cases} 1, & \text{第 } i \text{ 封信配对} \\ 0, & \text{第 } i \text{ 封信没有配对} \end{cases}$ $(i = 1, 2, \cdots, n)$.

则 $X = X_1 + X_2 + \cdots + X_n$.

且 $P\{X_i = 1\} = \dfrac{1}{n}$, $P\{X_i = 0\} = 1 - \dfrac{1}{n}$, $i = 1, 2, \cdots, n$,

可得 $E(X_i) = \dfrac{1}{n}$, $D(X_i) = \dfrac{n-1}{n^2}$, $i = 1, 2, \cdots, n$.

故 $E(X) = \displaystyle\sum_{i=1}^{n} E(X_i) = n \cdot \dfrac{1}{n} = 1$.

由于 X_i 之间没有独立性,且 $D(X) = E(X^2) - E^2(X)$,而

$$E(X^2) = E[X_1 + X_2 + \cdots + X_n)^2] = \sum_{i=1}^{n} E(X_i^2) + 2 \sum_{1 \le i < j \le n} E(X_i X_j),$$

$$E(X_i^2) = D(X_i) + E^2(X_i) = \frac{n-1}{n_2} + \frac{1}{n^2} = \frac{1}{n},$$

且随机变量 $X_i X_j$ $(i \ne j)$ 的可能取值为 0, 1.

$$P\{X_i X_j = 1\} = \frac{1}{n(n-1)}, \quad P\{X_i X_j = 0\} = 1 - \frac{1}{n(n-1)} (i \ne j),$$

故 $E(X_i X_j) = 1 \times \dfrac{1}{n(n-1)} + 0 \times \left[1 - \dfrac{1}{n(n-1)}\right] = \dfrac{1}{n(n-1)}$,

$$E(X^2) = \sum_{i=1}^{n} (X_i^2) + 2 \sum_{1 \le i < j \le n} E(X_i X_j) = n \times \frac{1}{n} + 2C_n^2 \times \frac{1}{n(n-1)} = 2.$$

所以 $D(X) = E(X^2) - E^2(X) = 1$.

16. 设 Z 表示商店每周所得利润,则

$$Z = \begin{cases} 1000Y, & Y \le X \\ 1000X + 500(Y - X), & Y > X \end{cases}$$

又由已得 X 和 Y 的联合概率密度为

$$f(x, y) = \begin{cases} \dfrac{1}{100}, & 10 \le x, y \le 20 \\ 0, & \text{其他} \end{cases}$$

于是

$$E(Z) = \int_{-\infty}^{+\infty} \int_{-\infty}^{+\infty} z f(x, y) \,\mathrm{d}x\mathrm{d}y$$

$$= \int_{10}^{20} \mathrm{d}y \int_{y}^{20} 1000y \times \frac{1}{100} \mathrm{d}x + \int_{10}^{20} \mathrm{d}y \int_{10}^{y} 500(x + y) \times \frac{1}{100} \mathrm{d}x$$

$$= 14166\frac{2}{3} \approx 14166.67(\text{元}).$$

五、证明题

17. 证明:由于 $0 \le |X| \le \dfrac{1}{2}(X^2 + 1)$,

则 $0 \le E(|X|) \le \dfrac{1}{2}E(X^2 + 1) = \dfrac{1}{2}[E(X^2) + 1]$,

所以 X 的数学期望存在.

第5章　大数定律与中心极限定理

5.1　伯努利试验的极限定理

一、填空题

1. $a = 3$，$b = 11$　　2. $a = \dfrac{7}{2}$　　3. 频率，概率　　4. $E(X)$　　5. 满足

二、计算题

6. 设至少购买 n 件，n 件中合格品数为 X，易见 X 服从二项分布 $B(n, p)$，且 $n \geqslant$ 100，根据拉普拉斯中心极限定理，X 近似服从 $N(0.9n, 0.09n)$. 依题意 $P(X \geqslant 100) = 0.975$，

即 $P\{X > 100\} = 1 - \Phi\left(\dfrac{100 - 0.9n}{0.3\sqrt{n}}\right) = 0.975$，

查表得，$\dfrac{100 - 0.9n}{0.3\sqrt{n}} = -1.96$，$n \approx 119$.

7. 设 X 为 100 道选择题选对的个数，$X \sim B\left(100, \dfrac{1}{4}\right)$，则 $E(X) = 25$，$D(X) = \dfrac{5}{4}$，设所得分数为 Y，则 Y 近似服从 $N\left(25, \dfrac{75}{4}\right)$，

$$P\{Y > 40\} = 1 - P\{Y \leqslant 40\} = 1 - P\left\{\dfrac{Y - 25}{2.5\sqrt{3}} \leqslant \dfrac{40 - 25}{2.5\sqrt{3}}\right\} = 1 - \Phi(2.3) = 0.0003.$$

8. 记 X 表示发生重大事故的人数，$X \sim B(5000, 0.005)$，则 X 近似服从 $N(25, 25 \times 0.995)$，保险公司一年内从此项业务中所得到的总收益 $(0.016 \times 5000 - 2X)$ 万元，所以

$$P\{20 \leqslant 0.016 \times 5000 - 2X \leqslant 40\} = P\{20 \leqslant X \leqslant 30\}$$

$$= P\left\{\dfrac{20 - 25}{\sqrt{25 \times 0.995}} \leqslant \dfrac{X - 25}{\sqrt{25 \times 0.995}} \leqslant \dfrac{30 - 25}{\sqrt{25 \times 0.995}}\right\}$$

$$= \Phi(1) - \Phi(-1) = 0.6826$$

5.3　独立同分布场合的极限定理

一、填空题

1. a　　2. 1　　3. $\dfrac{1}{2}$　　4. $\Phi(x)$　　5. $\dfrac{39}{40}$

6. 由已知得 $E(X) = \dfrac{1}{2}$，$D(X) = \dfrac{1}{2}$，$E\left(\sum\limits_{i=1}^{100}(X_i)\right) = \sum\limits_{i=1}^{100} E(X_i) = 100E(X) = 50$，

$D\left(\sum\limits_{i=1}^{100} X_i\right) = \sum\limits_{i=1}^{100} D(X_i) = 100D(X) = 50$，由中心极限定理 $\sum\limits_{i=1}^{100} X_i \sim N(50, 25)$，

$$\dfrac{\sum\limits_{i=1}^{100} X_i - 50}{\sqrt{25}} = \dfrac{\sum\limits_{i=1}^{100} X_i - 50}{5} \sim N(0, 1),$$

$$P\left\{\sum_{i=1}^{100} X_i \le 55\right\} = P\left\{\frac{\sum_{i=1}^{100} X_i - 50}{5} \le \frac{55 - 50}{5} = 1\right\} = \Phi(1).$$

二、计算题

7. 设需要车位数为 n，且设第 i（$i = 1, 2, \cdots, 200$）个住户有车的辆数为 X，由 X_i 的分布律知：$E(X_i) = 1.2$，$D(X_i) = 0.36$，因为 200 户住户的车位数相互独立，从而 $\sum_{i=1}^{200} X_i$ 近似服从 $N(240, 72)$. 依题意 $P\left\{\sum_{i=1}^{200} X_i \le n\right\} \ge 0.95$，即有

$$P\left\{\frac{\sum_{i=1}^{200} X_i - 240}{\sqrt{72}} \le \frac{n - 240}{\sqrt{72}}\right\} = \Phi\left(\frac{n - 240}{\sqrt{72}}\right) \ge 0.95,\ 查表得\ \Phi(1.645) = 0.95,$$

解得 $n \ge 253.96$，因此至少需要 254 个车位.

8. 以某戏院为例，设该戏院需要设 M 个座位，定义随机变量 X_k 如下：

$$X_k = \begin{cases} 1, & 第\ k\ 个观众选择该剧院 \\ 0, & 相反 \end{cases} \quad (k = 1, 2, \cdots, 2000)$$

则该戏院观众总数为 $X = \sum_{k=1}^{2000} X_k$

又 $E(X_k) = \dfrac{1}{2}$，$D(X_k) = \dfrac{1}{4}$，

由勒维中心极限定理，则 $X \sim N(1000, 500)$，

$$P\{X \le M\} = P\left\{\frac{X - 1000}{10\sqrt{5}} \le \frac{M - 1000}{10\sqrt{5}}\right\} = \Phi\left(\frac{M - 1000}{10\sqrt{5}}\right) \ge 0.99,$$

查表得

$$\frac{M - 1000}{10\sqrt{5}} \ge 2.33,\ M \ge 1000 + 2.33 \times 10\sqrt{5} \approx 1052.0988$$

即每个戏院应设 1053 个座位才符合要求.

自测题五

一、填空题

1. 2   2. $N\left(\dfrac{1}{2}, \dfrac{1}{4n}\right)$ 3. $2\Phi\left(\dfrac{10}{3}\right) - 1$

4. 正态   5. $\lim\limits_{n \to \infty} \dfrac{1}{n^2} D\left(\sum\limits_{i=1}^{n} X_i\right) = 0$

二、选择题

6. C   7. A   8. C   9. D   10. A

三、计算题

11. 设 X_i 为第 i 次射击命中目标的炮弹数（$i = 1, 2, \cdots, 100$），则 $X = \sum\limits_{i=1}^{100} X_i$ 为 100

次射击命中目标的炮弹总数，而且 X_1，X_2，$\cdots$，X_{100}是独立同分布，$E(X_i)=2$，$D(X_i)=1.5^2$，由中心极限定理有：

$$P\{180<X<220\}=P\left\{\frac{180-200}{15}<\frac{\sum\limits_{i=1}^{100}X_i-2\times100}{10\times1.5}<\frac{220-200}{15}\right\}$$

$$=\Phi\left(\frac{4}{3}\right)-\Phi\left(-\frac{4}{3}\right)=2\Phi\left(\frac{4}{3}\right)-1\approx0.8165$$

12. 设 X 表示死亡人数，则 $X\sim B$（10000，0.006），由中心极限定理，X 近似服从 N（60，59，64），设 Y 表示保险公司的利润.

（1）$P\{Y\leqslant0\}=P\{120\times10000-10000X\leqslant0\}=P\{X\geqslant120\}$

$$=1-P\{X<120\}=1-\Phi\left(\frac{120-60}{\sqrt{59.64}}\right)\approx0.$$

（2）$P\{Y\geqslant400000\}=P\{X\leqslant80\}=\Phi\left(\frac{80-60}{\sqrt{59.64}}\right)=0.9952$；

$$P\{Y\geqslant600000\}=P\{X\leqslant60\}=\Phi\left(\frac{60-60}{\sqrt{59.64}}\right)=0.5;$$

$$P\{Y\geqslant800000\}=P\{X\leqslant40\}=\Phi\left(\frac{40-60}{\sqrt{59.64}}\right)=0.005.$$

13. $E(U_i)=\frac{1}{2}(0+10)=5$，$D(U_i)=\frac{1}{12}(10-0)^2=\frac{25}{3}$.

设 U 表示仪器同时收到的信号，由中心极限定理，U 近似服从 $N\left(250,\frac{1250}{3}\right)$，则

$$P\left\{\sum_{i=1}^{50}U_i>300\right\}=1-P\left\{\sum_{i=1}^{50}U_i\leqslant300\right\}\approx1-\Phi\left(\frac{50}{\sqrt{\frac{1250}{3}}}\right)=0.0071.$$

四、综合题

14. 设 X 为1000台分机中同时使用外线的分机数，有 $X\sim B$（1000，0.5）. 根据题意，设 N 为满足条件的最小正整数.

$$P\{0\leqslant X\leqslant N\}=P\left\{\frac{0-np}{\sqrt{npq}}\leqslant\frac{X-np}{\sqrt{npq}}\leqslant\frac{N-np}{\sqrt{npq}}\right\}$$

$$=P\left\{\frac{0-50}{6.892}\leqslant\frac{X-np}{\sqrt{npq}}\leqslant\frac{N-50}{6.892}\right\}=\Phi\left(\frac{N-50}{6.892}\right)-\Phi\left(\frac{0-50}{6.892}\right)-\Phi\left(\frac{N-50}{6.892}\right)-\Phi(-7.255)\geqslant95\%$$

$\Phi(-7.255)=0$，$\Phi(1.65)=0.9505$，所以 $\frac{N-50}{6.892}\geqslant1.65$，$N\geqslant61.37$，取 $N=62$.

15.（1）设 X_i 表示第 i（$i=1$，2，$\cdots$，1200）个零件的质量，则 $X_i\sim U(0.95$，1.05），于是 $E(X_i)=1$，$D(X_i)=\frac{1}{1200}$，记 $X=\sum\limits_{i=1}^{1200}X_i$，由独立同分布中心极限定理得，$X\sim N\left(1200\times1,1200\times\frac{1}{1200}\right)$，即 $X\sim N(1200,1)$，故 $P\{X>1202\}=1-P\{X\leqslant1202\}=1-$

$\Phi(2) = 1-0.9772 = 0.0228.$

（2）由已知，若设 Y_i 第 i（$i = 1$, 2, $\cdots$, 1200）个零件的质量误差，则 $Y_i \sim$ $U(-0.05, 0.05)$，有 $E(Y_i) = 0$, $D(Y_i) = \dfrac{1}{1200}$. 又设 $Y = \sum\limits_{i=1}^{1200} Y_i$，由独立同分布中心极限定理得，$Y \sim N\left(0, \dfrac{n}{1200}\right)$，于是 $P\{|Y| < 2\} \geqslant 0.9$，从而

$$P\{-2 < Y < 2\} = 2\Phi\left(\frac{40\sqrt{3}}{\sqrt{n}}\right) - 1 \geqslant 0.9.$$

查正态分布表得 $\dfrac{40\sqrt{3}}{\sqrt{n}} = 1.645$，解得 $n \approx 1773.82$，即最多可以制造 1773 个零件，其质量误差总和的经销对值小于 2 千克的概率不小于 90%.

第 6 章　数理统计的基本概念

6.1　总体与样本
一、填空题

1. 350, 20, 16　　　　2. $\dfrac{3}{5}$, $\dfrac{3}{10}$, $\dfrac{6}{25}$

二、计算题

3. $P\{X_1 = x_1, X_2 = x_2, \cdots, X_n = x_n\} = \prod\limits_{i=1}^{n} P\{X_i = x_i\} = \prod\limits_{i=1}^{n} \dfrac{\lambda^{x_i}}{x_i!} e^{-\lambda} = e^{-n\lambda} \dfrac{\lambda^{\sum\limits_{i=1}^{n} x_i}}{\prod\limits_{i=1}^{n} x_i!}$

4. $f(x_1, x_2, \cdots, x_n) = \prod\limits_{i=1}^{n} f(x_i) = \begin{cases} \dfrac{1}{a^n}, & 0 < x_1, x_2, \cdots, x_n < a \\ 0, & \text{其他} \end{cases}$

5. $f(x_1, x_2, \cdots, x_n) = \prod\limits_{i=1}^{n} f(x_i) = \begin{cases} \lambda^n e^{-\lambda \sum\limits_{i=1}^{n} x_i}, & x_1, x_2, \cdots, x_n \geqslant 0 \\ 0, & \text{其他} \end{cases}$

四、综合题

7. （1）$f(x_1, x_2, \cdots, x_{10}) = \prod\limits_{i=1}^{10} f(x_i) = \prod\limits_{i=1}^{10} \dfrac{1}{\sqrt{2\pi}\,\sigma} e^{-\frac{(x_i-\mu)^2}{2\sigma^2}} = \dfrac{1}{(2\pi)^2 \sigma^{10}} e^{-\sum\limits_{i=1}^{10} \frac{(x_i-\mu)^2}{2\sigma^2}}$

（2）$\overline{X} \sim N\left(\mu, \dfrac{\sigma^2}{10}\right)$，故 $\overline{X}$ 的概率密度为 $f_{\overline{X}}(x) = \dfrac{\sqrt{5}}{\sqrt{\pi}\,\sigma} e^{-\frac{5(x-\mu)^2}{\sigma^2}}$.

6.2　统计量及其分布
一、填空题

1. $\chi^2(1)$　　　　　　　　　　　　　2. $F(n_2, n_1)$

3. $N\left(\mu, \dfrac{\sigma^2}{n}\right)$, $\chi^2(n-1)$, $t(n-1)$　　　4. $a = \dfrac{1}{20}$, $b = \dfrac{1}{100}$, 2

5. $E(\overline{X}) = n$, $D(\overline{X}) = 2$, $E(S^2) = 2n$

二、计算题

6. $\overline{X} \sim N\left(8, \dfrac{1}{2^2}\right) \Rightarrow \dfrac{\overline{X} - 8}{0.5} \sim N(0, 1)$,

$P\{7.5 < \overline{X} < 8.5\} = P\left\{-1 < \dfrac{\overline{X} - 8}{0.5} < 1\right\} = \Phi(1) - \Phi(-1) = 2\Phi(1) - 1 = 0.6826$

7. $E(\overline{X}) = 0$, $D(\overline{X}) = \dfrac{2}{n}$, $E(S^2) = 2$

三、证明题

8. （1）$\dfrac{X_1}{\sigma}$, $\dfrac{X_2}{\sigma}$, $\cdots$, $\dfrac{X_n}{\sigma}$ 独立同分布于 $N(0, 1)$,

所以 $\dfrac{1}{\sigma^2} \sum\limits_{i=1}^{n} X_i^2 = \sum\limits_{i=1}^{n} \left(\dfrac{X_i}{\sigma}\right)^2 \sim \chi^2(n)$.

（2）$\sum\limits_{i=1}^{n} X_i \sim N(0, n\sigma^2) \Rightarrow \dfrac{\sum\limits_{i=1}^{n} X_i}{\sqrt{n\sigma^2}} \sim N(0, 1)$. 由 χ^2 分布的定义，$\left(\dfrac{\sum\limits_{i=1}^{n} X_i}{\sqrt{n\sigma^2}}\right)^2 \sim \chi^2(1)$,

即 $\dfrac{1}{n\sigma^2}\left(\sum\limits_{i=1}^{n} X_i\right)^2 \sim \chi^2(1)$.

四、综合题

9. （1）$X_1^2 + X_2^2 \sim \chi^2(2)$, 即 $c = 1$, 自由度为 2.

（2）$X_1 + X_2 \sim N(0, 2) \Rightarrow \dfrac{X_1 + X_2}{\sqrt{2}} \sim N(0, 1)$. 又 $X_3^2 + X_4^2 + X_5^2 \sim \chi^2(3)$, 且 $\dfrac{X_1 + X_2}{\sqrt{2}}$ 与

$X_3^2 + X_4^2 + X_5^2$ 相互独立，则 $\dfrac{(X_1 + X_2)/\sqrt{2}}{\sqrt{(X_3^2 + X_4^2 + X_5^2)/3}} = \dfrac{\sqrt{6}}{2} \dfrac{X_1 + X_2}{\sqrt{X_3^2 + X_4^2 + X_5^2}} \sim t(3)$, 即 $d = \dfrac{\sqrt{6}}{2}$, 自

由度为 3.

自测题六

一、填空题

1. $\chi^2(1)$　　　　　　　　　2. $X^2 \sim F(1, n)$, $\dfrac{1}{X^2} \sim F(n, 1)$

3. $F(9, 16)$　　　　　　　　4. np^2

5. $t(n-1)$

二、选择题

6. C　　　　7. D　　　　8. C　　　　9. B　　　　10. C

三、计算题

11. 0.5328

12. 0.6744

13. $a = \frac{1}{6}$, $b = \frac{1}{4}$

四、证明题

14. $Y_1 - Y_2 \sim N\left(0, \frac{\sigma^2}{2}\right)$, $\frac{2S^2}{\sigma^2} \sim \chi^2(2)$, 且它们相互独立, 因此 $Z = \frac{\sqrt{2}(Y_1 - Y_2)}{S} \sim t(2)$.

五、综合题

15. (1) $f(x_1, x_2, \cdots, x_6) = \begin{cases} \dfrac{1}{\theta^6}, & 0 < x_1, x_2, \cdots, x_6 < \theta \\ 0, & \text{其他} \end{cases}$

(2) T_1 和 T_4 是统计量, T_2 和 T_3 不是统计量. 因为 T_1 和 T_4 中不含未知参数 θ, T_2 和 T_3 中含未知参数 θ.

(3) 样本均值 $\bar{X} = \frac{1}{n}\sum_{i=1}^{n}X_i = \frac{1}{6}(0.5 + 1 + 0.7 + 0.6 + 1 + 1) = 0.8$,

样本方差 $S^2 = \frac{1}{n-1}\sum_{i=1}^{n}(X_i - \bar{X})^2 = \frac{1}{5}[(-0.3)^2 + (0.2)^2 + (-0.1)^2 + (-0.2)^2 + (0.2)^2] = 0.052$,

样本标准差 $S = \sqrt{0.052} \approx 0.228$

16. (1) $P\{X_1 = x_1, X_2 = x_2, \cdots, X_n = x_n\} = \prod_{i=1}^{n}P\{X_i = x_i\} = p^{\sum_{i=1}^{n}x_i}(1-p)^{n-\sum_{i=1}^{n}x_i}$

(2) $\sum_{i=1}^{n}X_i \sim B(n, p)$, 即 $P\left\{\sum_{i=1}^{n}X_i = k\right\} = C_n^k p^k(1-p)^{n-k}$, $k = 0, 1, 2, \cdots, n$

(3) $E(\bar{X}) = p$, $D(\bar{X}) = \frac{p(1-p)}{n}$, $E(S^2) = p(1-p)$

第7章 参数估计

7.1 点估计的常用方法

一、填空题

1. $\hat{\theta} = 2\bar{X}$

2. p 的矩估计量为 $\hat{p} = \frac{1}{10}\bar{X}$; 最大似然估计量为 $\hat{p} = \frac{1}{10}\bar{X}$

3. $\hat{\mu} = \bar{X}$, $\hat{\sigma}^2 = \frac{1}{n}\sum_{i=1}^{n}(X_i - \bar{X})^2$

4. $\frac{1}{2}$, $\frac{1}{4}$

二、计算题

5. λ 的矩估计量为 $\hat{\lambda} = \bar{X}$, 最大似然估计量为 $\hat{\lambda} = \bar{X}$.

6. λ 的矩估计量为 $\hat{\lambda} = \frac{1}{\bar{X}}$, 最大似然估计量 $\hat{\lambda} = \frac{1}{\bar{X}}$

7. （1）$E(X) = \dfrac{2}{\lambda}$，令 $E(X) = \overline{X}$，得 λ 的矩估计量为 $\hat{\lambda} = \dfrac{2}{\overline{X}}$.

（2）λ 的最大似然估计量为 $\hat{\lambda} = \dfrac{2}{\overline{X}}$.

8. （1）$E(X) = 1 \times \theta^2 + 2 \times 2\theta(1 - \theta) + 3 \times (1 - \theta)^2 = 3 - 2\theta$，

由矩估计法，令 $E(X) = \overline{X}$，即 $3 - 2\theta = \overline{X}$，解得 $\theta = \dfrac{1}{2}(3 - \overline{X})$，

故 θ 的矩估计量为 $\hat{\theta} = \dfrac{1}{2}(3 - \overline{X})$.

将样本观测值 $x_1 = 1$，$x_2 = 2$，$x_3 = 1$ 代入，得 $\overline{x} = \dfrac{1}{3}(1 + 2 + 1) = \dfrac{4}{3}$，从而 θ 的矩估计值为 $\hat{\theta} = \dfrac{1}{2}\left(3 - \dfrac{4}{3}\right) = \dfrac{5}{6}$.

（2）θ 的最大似然估计值为 $\dfrac{5}{6}$.

9. （1）$E(X) = \dfrac{1 + \theta}{2}$，令 $E(X) = \overline{X}$，得 θ 的矩估计量为 $\hat{\theta} = 2\overline{X} - 1$；

（2）θ 的最大似然估计量为 $\hat{\theta} = \min\{X_1, X_2, \cdots, X_n\}$.

三、综合题

10. （1）$E(X) = \dfrac{\theta}{\theta + 1}$，由矩估计法，$\theta$ 的矩估计量为 $\hat{\theta} = \dfrac{\overline{X}}{1 - \overline{X}}$.

（2）θ 的最大似然估计量为 $\hat{\theta} = \dfrac{1}{-\dfrac{1}{n}\sum\limits_{i=1}^{n} \ln X_i}$.

（3）由最大似然估计的不变性得，U 的最大似然估计量为 $\hat{U} = e^{-\frac{1}{\hat{\theta}}} = e^{\frac{1}{n}\sum\limits_{i=1}^{n} \ln X_i}$.

11. （1）σ 的最大似然估计量为 $\hat{\sigma} = \dfrac{1}{N}\sum\limits_{i=1}^{n} |X_i|$；

（2）$E(\hat{\sigma}) = \sigma$，$D(\hat{\sigma}) = \dfrac{\sigma^2}{n}$.

7.2 估计量的评价标准
一、填空题

1. 无偏性、有效性、相合性

2. $a = \dfrac{2}{7}$

3. $b = 2$，$c = 4$

4. 33，18.8

二、证明题
5. $\hat{\mu}_2$ 更有效.

三、计算题
6. （1）T_1 和 T_3 是 θ 的无偏估计量，T_2 不是 θ 的无偏估计量.

（2）$D(T_1) = \dfrac{5}{18}\theta^2$，$D(T_3) = \dfrac{1}{4}\theta^2 < D(T_1)$，故统计量 T_3 较 T_1 有效．

四、综合题

7.（1）证明略

（2）$D(T) = \dfrac{2}{n(n-1)}$．

8.（1）σ^2 的极大似然估计量 $\hat{\sigma}^2 = \dfrac{1}{n}\displaystyle\sum_{i=1}^{n}(X_i - \mu)^2$；

（2）$\hat{\sigma}^2 = \dfrac{1}{n}\displaystyle\sum_{i=1}^{n}(X_i - \mu)^2$ 是未知参数 σ^2 的无偏估计．

7.3 区间估计

一、填空题

1. $\left(\overline{X} - \dfrac{\sigma}{\sqrt{n}}Z_{\frac{\alpha}{2}},\ \overline{X} + \dfrac{\sigma}{\sqrt{n}}Z_{\frac{\alpha}{2}}\right)$，$\left(\overline{X} - \dfrac{S}{\sqrt{n}}t_{\frac{\alpha}{2}}(n-1),\ \overline{X} + \dfrac{S}{\sqrt{n}}t_{\frac{\alpha}{2}}(n-1)\right)$

2. $\left(\dfrac{(n-1)S^2}{\chi^2_{\alpha/2}(n-1)},\ \dfrac{(n-1)S^2}{\chi^2_{1-\alpha/2}(n-1)}\right)$

3. $(9.924,\ 10.316)$

4. $(60.97,\ 193.53)$

5. $(8.2,\ 10.8)$

二、计算题

6. 经计算，得 $\overline{x} = 6$，$s^2 = 0.33$．

（1）当 $\sigma = 0.6$ 时，μ 的置信水平为 0.95 的置信区间为

$$\left(\overline{X} - \dfrac{\sigma}{\sqrt{n}}Z_{\frac{\alpha}{2}},\ \overline{X} + \dfrac{\sigma}{\sqrt{n}}Z_{\frac{\alpha}{2}}\right) = \left(6 - \dfrac{0.6}{\sqrt{9}} \times 1.96,\ 6 + \dfrac{0.6}{\sqrt{9}} \times 1.96\right) = (5.608,\ 6.392)$$

（2）当 σ 未知时，μ 的置信水平为 0.95 的置信区间为

$$\left(\overline{X} - \dfrac{S}{\sqrt{n}}t_{\frac{\alpha}{2}}(n-1),\ \overline{X} + \dfrac{S}{\sqrt{n}}t_{\frac{\alpha}{2}}(n-1)\right) = \left(6 - \dfrac{\sqrt{0.33}}{\sqrt{9}} \times 2.306,\ 6 + \dfrac{\sqrt{0.33}}{\sqrt{9}} \times 2.306\right)$$
$$= (5.558,\ 6.442)$$

7. σ^2 的置信水平为 0.95 的双侧置信区间为

$$\left(\dfrac{(n-1)S^2}{\chi^2_{\alpha/2}(n-1)},\ \dfrac{(n-1)S^2}{\chi^2_{1-\alpha/2}(n-1)}\right) = \left(\dfrac{8 \times 11^2}{17.538},\ \dfrac{8 \times 11^2}{2.18}\right) = (55.204,\ 444.037)$$

均方差 σ 的置信水平为 0.95 的双侧置信区间为

$$(\sqrt{55.204},\ \sqrt{444.037}) = (7.34,\ 21.07)$$

8. $\mu_1 - \mu_2$ 的置信水平为 0.95 的置信区间为

$$\left(\overline{X} - \overline{Y} \pm Z_{\frac{\alpha}{2}} \times \sqrt{\dfrac{\sigma_1^2}{n_1} + \dfrac{\sigma_2^2}{n_2}}\right) = (5.32 - 5.75) \pm 1.96 \times \sqrt{\dfrac{2.18^2}{200} + \dfrac{1.76^2}{100}}$$
$$= (-0.889,\ 0.029)$$

9. $(0.222,\ 3.601)$

自测题七

一、填空题

1. $\hat{\theta} = \dfrac{1}{2}(3 - \overline{X})$　　　2. p 的矩估计量为 $\hat{p} = \dfrac{1}{m}\overline{X}$，最大似然估计量为 $\hat{p} = \dfrac{1}{m}\overline{X}$

3. $a = \dfrac{1}{3}$　　　　　4. $k = -1$　　　　　5. $(5.2, 6.8)$

二、选择题

6. D　　　7. B　　　8. A　　　9. C　　　10. A

三、计算题

11. θ 的矩估计值为 0.45833，θ 的最大似然估计值为 0.43309.

12. （1）θ 的矩估计量为 $\hat{\theta} = \overline{X} = \dfrac{1}{n}\displaystyle\sum_{i=1}^{n} X_i$.

（2）θ 的最大似然估计量为 $\hat{\theta} = \dfrac{2n}{\displaystyle\sum_{i=1}^{n}\dfrac{1}{X_i}}$.

13. （1）$f_T(t) = \begin{cases} \dfrac{9t^8}{\theta^9}, & 0 < t < \theta \\ 0, & \text{其他} \end{cases}$

（2）$a = \dfrac{10}{9}$

四、证明题

14. $a = \dfrac{n_1}{n_1 + n_2}$，$b = \dfrac{n_2}{n_1 + n_2}$ 时 $D(Y)$ 达到最小.

五、综合题

15. （1）$b = E(X) = E(\mathrm{e}^Y) = \dfrac{1}{\sqrt{2\pi}}\displaystyle\int_{-\infty}^{+\infty} \mathrm{e}^y \mathrm{e}^{-\frac{(y-\mu)^2}{2}}\mathrm{d}y = \mathrm{e}^{\mu + \frac{1}{2}}$

（2）$\overline{y} = \dfrac{1}{4}(\ln 0.5 + \ln 1.25 + \ln 0.8 + \ln 2) = \dfrac{1}{4}\ln 1 = 0$，

由 $\overline{Y} \sim N\left(\mu, \dfrac{1}{4}\right)$，可得 μ 的置信水平为 $1-\alpha$ 的置信区间为 $\left(\overline{Y} - \dfrac{1}{2}Z_{\frac{\alpha}{2}}, \ \overline{Y} + \dfrac{1}{2}Z_{\frac{\alpha}{2}}\right)$，

故 μ 的置信水平为 0.95 的置信区间 $\left(0 - \dfrac{1}{2} \times 1.96, \ 0 + \dfrac{1}{2} \times 1.96\right) = (-0.98, 0.98)$.

（3）由函数 e^x 的严格递增性，得 b 的置信水平为 0.95 的置信区间为

$$\left(\mathrm{e}^{-0.98 + \frac{1}{2}}, \ \mathrm{e}^{0.98 + \frac{1}{2}}\right) = \left(\mathrm{e}^{-0.48}, \ \mathrm{e}^{1.48}\right)$$

16. （1）$E(X) = \dfrac{\sqrt{\pi\theta}}{2}$，$E(X^2) = \theta$.

（2）θ 的最大似然估计量 $\hat{\theta}_n = \dfrac{1}{n}\displaystyle\sum_{i=1}^{n} X_i^2$.

（3）存在，$a=\theta$

第8章 假设检验

§8.1 假设检验的基本概念

一、填空题

1. 弃真，存伪

2. 样本信息表示对立事件（小概率事件）发生了，因而对原假设的正确性产生了怀疑

3. 样本容量

4. （1）β （2）α （3）$1-\beta$ （4）$1-\alpha$

二、计算题

5. （1）$\dfrac{1}{70}$ （2）可认为他的确有区分能力

三、证明题

6. 提示：通过求导判断两者的正负性.

§8.2 单个正态总体的假设检验

一、填空题

1. $U=\dfrac{\overline{X}-\mu_0}{\sigma/\sqrt{n}}$，$U\geqslant Z_\alpha$ 2. $t=\dfrac{\overline{X}-\mu_0}{S/\sqrt{n}}$，$t(n-1)$

3. χ^2，$\chi^2=\dfrac{\sum\limits_{i=1}^{n}(X_i-\overline{X})^2}{\sigma_0^2}$ 4. $\mu=10$，$\mu\neq10$，t

二、计算题

5. 认为产品的平均质量有显著变化.

6. 可以认为每包化肥的平均质量为50千克.

7. 认为其方差有显著变化.

四、综合题

9. n 不应大于138.

§8.3 两个正态总体的假设检验

一、填空题

1. $F=\dfrac{S_1^2}{S_2^2}$，$(n_1-1,\ n_2-2)$

2. $\mu_1=\mu_2$，$\mu_1\neq\mu_2$，t，$\sigma_1^2=\sigma_2^2$，$\sigma_1^2\neq\sigma_2^2$，F

二、计算题

3. 可认为这两个厂的灯泡寿命不相同.

4. 可认为两种工艺所需平均时间相同.

5. 没有发现这两台机器的加工精度有显著差异.

四、综合题

7. (1) 两种温度下振动板的硬度的方差没有显著差异.

(2) 淬火温度对振动板的硬度有显著影响.

自测题八

一、填空题

1. 正态总体均值, 总体方差, 总体方差

2. $\left\{ \left| \dfrac{\overline{x}}{3/\sqrt{n}} \right| > Z_{\frac{\alpha}{2}} \right\}$

3. $\chi^2 = \dfrac{(n-1)s^2}{\sigma_0^2}$

4. 大些

5. $\{ F < F_{1-\alpha}(m-1, n-1) \}$

二、选择题

6. D   7. D   8. A   9. A   10. B

三、计算题

11. 新产品的平均折断力无显著变化.

12. 不能认为机床正常工作.

13. 不能认为该村水稻亩产量的标准差不再是去年的 75 公斤.

14. 两种玉米的亩产量有显著差异.

15. 接受 H_0.

四、综合题

16. (1) 拒绝 H_0

(2) 接受 H_0

17. (1) $c = 1.176$

(2) $\Phi\left[\dfrac{1}{0.6}(1.176 + \mu_0 - \mu_1) \right] - \Phi\left[\dfrac{1}{0.6}(-1.176 + \mu_0 - \mu_1) \right]$

概率论与数理统计试卷 A 卷

一、填空题 (每题 3 分, 共 15 分)

1. $\overline{A}\ \overline{B}\ \overline{C}$ (或 $\overline{A \cup B \cup C}$)   2. $\dfrac{1}{6}$ 3. $6\sqrt{2}$ 4. $\dfrac{1}{2}$ 5. $\dfrac{8}{9}$

二、单选题 (每题 3 分, 共 15 分)

6. D   7. A   8. D   9. B   10. C

三、计算题 (每题 10 分, 共 50 分)

11. 解:

$P(A \cup B \cup C) = P(A) + P(B) + P(C) - P(AB) - P(BC) - P(CA) + P(ABC)$ ·· 3 分

$= P(A) + P(B) + P(C) - P(A)P(B) - P(B)P(C) - P(C)P(A) + P(A)P(B)P(C)$ ··· 2 分

$$= \frac{1}{5} + \frac{1}{5} + \frac{1}{5} - \frac{1}{5} \times \frac{1}{5} \times 3 + \frac{1}{5} \times \frac{1}{5} \times \frac{1}{5} \quad \cdots\cdots 3分$$

$$= \frac{61}{125} \quad \cdots\cdots 2分$$

12. 解：设 A 表示"患精神分裂症"，设 B 表示"CAT 扫描显示为脑萎缩"，则 $\cdots\cdots 2分$

$P(A) = 0.015$，$P(B \mid A) = 0.3$，$P(B \mid \bar{A}) = 0.02$ $\cdots\cdots 2分$

由贝叶斯公式可知，基于 CAT 扫描结果，辛克利患精神分裂症的概率为

$$P(A \mid B) = \frac{P(B \mid A) P(A)}{P(B \mid A) P(A) + P(B \mid \bar{A}) P(\bar{A})} \quad \cdots\cdots 3分$$

$$= \frac{0.3 \times 0.015}{0.3 \times 0.015 + 0.02 \times 0.985} = \frac{45}{242} \approx 0.186 \quad \cdots\cdots 3分$$

13. 解：X 的概率密度为 $f_X(x) = \begin{cases} \mathrm{e}^{-x}, & x \geq 0 \\ 0, & x < 0 \end{cases}$，$\cdots\cdots 3分$

当 $y \geq 1$ 时，若 $x \geq 0$ 时，$x_1 = \sqrt{\dfrac{y-1}{2}}$，$x_1' = \dfrac{1}{2\sqrt{2(y-1)}}$；

若 $x < 0$ 时，$x_2 = -\sqrt{\dfrac{y-1}{2}}$，$x_2' = \dfrac{1}{2\sqrt{2(y-1)}}$；$\cdots\cdots 2分$

$f_Y(y) = f_X(x_1) |x_1'| + f_X(x_2) |x_2'| = \mathrm{e}^{-\sqrt{\frac{y-1}{2}}} \cdot \dfrac{1}{2\sqrt{2(y-1)}} + 0 = \dfrac{1}{2\sqrt{2(y-1)}} \mathrm{e}^{-\sqrt{\frac{y-1}{2}}}$

当 $y < 1$ 时，$f_Y(y) = 0$ $\cdots\cdots 3分$

所以 Y 的概率密度为 $f_Y(y) = \begin{cases} \dfrac{1}{2\sqrt{2(y-1)}} \mathrm{e}^{-\sqrt{\frac{y-1}{2}}}, & y \geq 1 \\ 0, & y < 1 \end{cases}$ $\cdots\cdots 2分$

14. 解：由于 X_1，X_2，X_3，X_4 独立同分布于 $N(0, 1)$，则有 $\cdots\cdots 2分$

$X_1^2 \sim C^2(1)$，$X_2^2 + X_3^2 + X_4^2 \sim C^2(3)$，$\cdots\cdots 3分$

故 $\dfrac{X_1^2/1}{(X_2^2 + X_3^2 + X_3^2)/3} = \dfrac{3X_1^2}{X_2^2 + X_3^2 + X_4^2} \sim F(1, 3)$，$\cdots\cdots 3分$

所以当 $C = \pm\sqrt{3}$ 时，Y^2 服从 F 分布，分子和分母自由度分别为 1 和 3. $\cdots\cdots 2分$

15. 解：(1) $f_X(x) = \displaystyle\int_{-\infty}^{+\infty} f(x, y) \mathrm{d}y = \begin{cases} \displaystyle\int_{x}^{+\infty} 4\mathrm{e}^{-2y} \mathrm{d}y = 2\mathrm{e}^{-2x}, & x > 0 \\ 0, & x \leq 0 \end{cases}$ $\cdots\cdots 4分$

(2) $f_Y(y) = \displaystyle\int_{-\infty}^{+\infty} f(x, y) \mathrm{d}x = \begin{cases} \displaystyle\int_{0}^{y} 4\mathrm{e}^{-2x} \mathrm{d}y = 4y\mathrm{e}^{-2x}, & y > 0 \\ 0, & y \leq 0 \end{cases}$ $\cdots\cdots 4分$

由于 $f_X(x) \cdot f_Y(y) \neq f(x, y)$，故 X 与 Y 不相互独立. $\cdots\cdots 2分$

四、综合题（16 题 12 分，17 题 8 分，共 20 分）

16. 解：(1) 设 x_1，x_2，$\cdots$，x_n（$0 < x_i \leq \theta$，$i = 1, 2, \cdots, n$）为相应的样本观察

值，则

$$f(x_i;\ \theta) = \begin{cases} \dfrac{1}{\theta}, & 0 < x \le \theta \\ 0, & \text{其他} \end{cases} \quad (i = 1,\ 2,\ \cdots,\ n)$$

当 $0 < x_1,\ x_2,\ \cdots,\ x_n \le \theta$ 时，似然函数为 $L(x_1,\ \cdots,\ x_n;\ \theta) = \dfrac{1}{\theta^n}$ ················· 2 分

要使似然函数最大，则 θ 应该最小，同时 $\theta \ge x_1,\ x_2,\ \cdots,\ x_n$.

取 $x_{(n)} = \max\{X_1,\ X_2,\ \cdots,\ X_n\}$， ······························· 1 分

由前述两个条件可知 θ 的极大似然估计值为 $\hat{\theta} = x_{(n)}$，相应的极大似然估计量为

$\hat{\theta} = x_{(n)} = \max\{X_1,\ X_2,\ \cdots,\ X_n\}$. ························· 1 分

(2) 由于 $X \sim U\,(0,\ q)$，则其分布函数为

$$F_X(x) = \begin{cases} \dfrac{x}{\theta}, & 0 < x \le \theta \\ 0, & \text{其他} \end{cases}$$ ·························· 1 分

而 $X_1,\ X_2,\ \cdots,\ X_n$ 为来自总体 X 的简单随机样本，$\hat{\theta} = \max\{X_1,\ X_2,\ \cdots,\ X_n\}$，所以

$$F_{\hat{\theta}}(y) = [F_X(y)]^n = \begin{cases} \left(\dfrac{y}{\theta}\right)^n, & 0 < y \le \theta \\ 0, & \text{其他} \end{cases}$$ ·················· 2 分

故 $$f_{\hat{\theta}} = [F_{\hat{\theta}}(y)]' = \begin{cases} \dfrac{n}{\theta^n}y^{n-1}, & 0 < y \le \theta \\ 0, & \text{其他} \end{cases}$$ ·················· 2 分

(3) 由于 $E(\hat{\theta}) = \displaystyle\int_0^\theta y \cdot \dfrac{n}{\theta^n}y^{n-1}\mathrm{d}y = \dfrac{n}{\theta^n}\int_0^\theta y^n \mathrm{d}y = \dfrac{n}{n+1}\theta \ne \theta$，所以 $\hat{\theta}$ 不是 q 的无偏估

计量. ·· 3 分

17. 解：(1) X 可能的取值为 $1,\ 2,\ \cdots,\ n$，而且其分布律为

$p_i = P\{X = i\} = \dfrac{n-1}{n} \cdot \dfrac{n-2}{n-1} \cdot \dfrac{n-3}{n-2} \cdots \dfrac{1}{n-i+1} \dfrac{1}{n},\ i = 1,\ 2,\ \cdots,\ n$ ·········· 2 分

因而试开次数 X 的数学期望为

$$E(X) = \sum_{i=1}^n i \cdot p_i = 1 \cdot \dfrac{1}{n} + 2 \cdot \dfrac{1}{n} + \cdots + n \cdot \dfrac{1}{n} = (1 + 2 + \cdots + n) \cdot \dfrac{1}{n}$$

$$= \dfrac{n+1}{2}$$ ························ 2 分

(2) Y 可能的取值为 $1,\ 2,\ \cdots$，而且其分布律为

$p_j = P\{Y = j\} = \left(\dfrac{n-1}{n}\right)^{j-1} \cdot \dfrac{1}{n},\ j = 1,\ 2,\ \cdots$ ···················· 2 分

因而试开次数 Y 的数学期望为

$$E(Y) = \sum_{J=1}^{+\infty} j \cdot p_j = 1 \cdot \dfrac{1}{n} + 2 \cdot \dfrac{n-1}{n} \cdot \dfrac{1}{n} + 3 \cdot \left(\dfrac{n-1}{n}\right)^2 \cdot \dfrac{1}{n} + \cdots + k \cdot \left(\dfrac{n-1}{n}\right)^{k-1} \cdot \dfrac{1}{n}$$

+ …

事实上，

$$\frac{n-1}{n} \cdot E(Y) = 1 \cdot \frac{n-1}{n} \cdot \frac{1}{n} + 2 \cdot \left(\frac{n-1}{n}\right)^2 \cdot \frac{1}{n} + 3 \cdot \left(\frac{n-1}{n}\right)^3 \cdot \frac{1}{n} + \cdots + k \cdot \left(\frac{n-1}{n}\right)^k \cdot \frac{1}{n} + \cdots$$

上述两式相减可得

$$\frac{1}{n}E(Y) = \frac{1}{n} + \frac{n-1}{n} \cdot \frac{1}{n} + \left(\frac{n-1}{n}\right)^2 \cdot \frac{1}{n} + \cdots + \left(\frac{n-1}{n}\right)^k \cdot \frac{1}{n} + \cdots$$

$$E(Y) = 1 + \frac{n-1}{n} + \left(\frac{n-1}{n}\right)^2 + \cdots + \left(\frac{n-1}{n}\right)^k + \cdots = \frac{1}{1-\frac{n-1}{n}} = n \quad\cdots\cdots 2分$$

概率论与数理统计试卷 B 卷

一、填空题（每题 3 分，共 15 分）

1. $\frac{1}{3}$ 2. $\frac{1}{2}$ 3. 0.2 4. $\frac{1}{8}$ 5. 0.68

二、选择题（每题 3 分，共 15 分）

6. D 7. C 8. A 9. B 10. A

三、计算题（每题 10 分，共 70 分）

11. 解：设 A，B 分别表示事件第一颗、第二颗种子发芽，$\cdots\cdots\cdots\cdots\cdots$ 2分

(1) $P(AB) = P(A)P(B) = 0.8 \times 0.9 = 0.72$ $\cdots\cdots\cdots\cdots\cdots$ 5分

(2) $P(A \cup B) = P(A) + P(B) - P(AB)$ $\cdots\cdots\cdots\cdots\cdots$ 7分

$= 0.8 + 0.9 - 0.72$

$= 0.98$ $\cdots\cdots\cdots\cdots\cdots$ 10分

12. 解：设 A_1，A_2，A_3，A_4 分别表示乘坐飞机、火车、轮船、汽车四种交通工具，B 表示"晚点到达"，$\cdots\cdots\cdots\cdots\cdots$ 2分

由贝叶斯公式

$$P(A_1/B) = \frac{P(A_2)P(B \mid A_2)}{\sum_{i=1}^{4} P(A_i)P(B \mid A_i)} \quad\cdots\cdots\cdots\cdots\cdots 5分$$

$$= \frac{0.15 \times 0.3}{0.05 \times 0 + 0.15 \times 0.3 + 0.3 \times 0.4 + 0.5 \times 0.1} \quad\cdots\cdots\cdots\cdots\cdots 7分$$

$$= \frac{9}{43} = 0.209 \quad\cdots\cdots\cdots\cdots\cdots 10分$$

13. 解：(1) 由 $\int_0^1 Ax \mathrm{d}x = 1$ $\cdots\cdots\cdots\cdots\cdots$ 2分

得 $A = 2$ $\cdots\cdots\cdots\cdots\cdots$ 4分

$$F(x) = \begin{cases} 0, & x < 0 \\ x^2, & 0 \leqslant x \leqslant 1 \\ 1, & x > 1 \end{cases}$$ ············· 7 分

(3) $P\{0.5 < x < 2\} = F(2) - F(0.5) = \dfrac{3}{4}$ ···················· 10 分

14. 解：(1) 由 $0.1 + 0.15 + 0.25 + 0.2 + 0.15 + a = 1$ ·················· 2 分

得 $a = 0.15$ ···························· 4 分

(2) $P\{X \leqslant 1, Y \leqslant 1\} = P\{X = 0, Y = 0\} + P\{X = 0, Y = 1\} +$
$\qquad\qquad P\{X = 1, Y = 0\} + P\{X = 1, Y = 1\} = 0.7$ ·········· 7 分

(3) $X+Y$ 的分布律为

$X+Y$	0	1	2	3
P	0.1	0.4	0.35	0.15

···················· 10 分

15. 解：(1) 设 X 为耗用的子弹数，则 X 的分布律为

X	1	2	3
P	$\dfrac{2}{3}$	$\dfrac{2}{9}$	$\dfrac{1}{9}$

···················· 3 分

(2) $E(X) = 1 \times \dfrac{2}{3} + 2 \times \dfrac{2}{9} + 3 \times \dfrac{1}{9} = \dfrac{13}{9}$ ·················· 6 分

$E(X^2) = 1^2 \times \dfrac{2}{3} + 2^2 \times \dfrac{2}{9} + 3^2 \times \dfrac{1}{9} = \dfrac{23}{9}$ ············ 8 分

$D(X) = E(X^2) - [E(X)]^2 = \dfrac{38}{81}$ ···················· 10 分

16. 解：(1) 由 $\displaystyle\int_0^{+\infty}\int_0^{+\infty} A e^{-2(2x+3y)} \mathrm{d}x\mathrm{d}y = 1$，得 $A = 6$ ·············· 3 分

(2) $f_X(x) = \begin{cases} \displaystyle\int_0^{+\infty} 6e^{-(2x+3x)}\mathrm{d}y, & x > 0 \\ 0, & x \leqslant 0 \end{cases} = \begin{cases} 2e^{-2x}, & x > 0 \\ 0, & x \leqslant 0 \end{cases}$

$f_Y(x) = \begin{cases} \displaystyle\int_0^{+\infty} 6e^{-(2x+3x)}\mathrm{d}y, & y > 0 \\ 0, & y \leqslant 0 \end{cases} = \begin{cases} 3e^{-3x}, & y > 0 \\ 0, & y \leqslant 0 \end{cases}$ ············ 6 分

由于 $f(x, y) = f_X(x)f_Y(y)$，故 X 与 Y 相互独立. ·················· 8 分

(3) $P\{0 \leqslant X \leqslant 2, 0 \leqslant Y \leqslant 1\} = \displaystyle\int_0^2\int_0^1 6e^{-2(2x+3y)}\mathrm{d}x\mathrm{d}y = (1 - e^{-4})(1 - e^{-3})$ ···10 分

17. 解：(1) $E(X) = \displaystyle\int_0^1 x(\lambda + 1)x^\lambda \mathrm{d}x = \dfrac{\lambda + 1}{\lambda + 2}$ ···················· 2 分

令 $E(X) = \bar{X}$，则矩估计量为 $\hat{\lambda} = \dfrac{2\bar{X} - 1}{1 - \bar{X}}$ ················· 5分

(2) 极大似然函数为 $L(\lambda) = \prod\limits_{i=1}^{n}(\lambda + 1)x_i^{\lambda} = (\lambda + 1)^n \prod\limits_{i=1}^{n}x_i^{\lambda}$

$\ln L(\lambda) = n\ln(\lambda + 1) + \lambda\sum\limits_{i=1}^{n}\ln x_i$ ················· 7分

$\dfrac{\mathrm{d}\ln L(\lambda)}{\mathrm{d}\lambda} = \dfrac{n}{\lambda + 1} + \sum\limits_{i=1}^{n}\ln x_i = 0$

极大似然估计值为 $\hat{\lambda} = \dfrac{n}{\sum\limits_{i=1}^{n}\ln x_i} - 1$

极大似然估计量为 $\hat{\lambda} = -\dfrac{n}{\sum\limits_{i=1}^{n}\ln X_i} - 1$ ················· 10分

概率论与数理统计试卷 C 卷

一、填空题（每题 3 分，共 15 分）

1. $\dfrac{1}{6}$ 2. $\dfrac{5}{15}$ 3. 4   4. $t(2)$ 5. $\dfrac{3}{4}$

二、单选题（每题 3 分，共 15 分）

6. C   7. A   8. C   9. D   10. B

三、计算题（每题 10 分，共 70 分）

11. 解：设 A_1 表示事件"随机地挑选一人，此人是男子"，A_2 表示事件"随机地挑选一人，此人是女子"，设 B 表示此人是色盲患者.

∴ $P(A_1) = P(A_2) = \dfrac{1}{2}$，$P(B \mid A_1) = 5\%$，$P(B \mid A_2) = 3\%$. ········· 2分

(1) 由全概率公式可知，$P(B) = P(A_1)P(B \mid A_1) + P(A_2)P(B \mid A_2)$ ········· 2分

$= \dfrac{1}{2} \times 5\% + \dfrac{1}{2} \times 3\% = 4\%$. ········· 2分

(2) 由贝叶斯公式可知，$P(A_1 \mid B) = \dfrac{P(A_1 B)}{P(B)} = \dfrac{P(A_1)P(B \mid A_1)}{P(B)}$ ········· 2分

$= \dfrac{\dfrac{1}{2} \times 5\%}{4\%} = \dfrac{5}{8}$. ········· 2分

12. 解：(1) $P(AC) = P(C)P(A \mid C) = 0.4 \times 0.2 = 0.08$ ········· 3分

(2) 由于 $B \cap C = \varnothing$，所以 $A \cap B \cap C = \varnothing$，

从而 $P(BC) = 0$，$P(ABC) = 0$. ········· 3分

(3) 因为 A 和 B 相互独立，故 $P(AB) = P(A)P(B) = 0.1 \times 0.2 = 0.02$. ········· 2分

$$P(A \cup B \cup C) = P(A) + P(B) + P(C) - P(AB) - P(AC) - P(BC) + P(ABC)$$
$$= 0.1 + 0.2 + 0.4 - 0.02 - 0.08 - 0 + 0 = 0.6. \quad\text{………………} 2\text{分}$$

13. 解：(1) 因为 $1 = \int_{-\infty}^{+\infty} f(x)\,\mathrm{d}x = \int_0^1 ax^3\,\mathrm{d}x = \dfrac{a}{4}$，所以 $a = 4$. ………… 2分

(2) $P\{-1 < X < 0.5\} = \int_0^{0.5} 4x^3\,\mathrm{d}x = \dfrac{1}{16}$ ………………………… 2分

(3) $E(X) = \int_0^1 x \cdot 4x^3\,\mathrm{d}x = \int_0^1 4x^4\,\mathrm{d}x = \dfrac{4}{5}$ …………………… 2分

$E(X^2) = \int_0^1 x^2 \cdot 4x^3\,\mathrm{d}x = \int_0^1 4x^5\,\mathrm{d}x = \dfrac{2}{3}$ ……………… 2分

$D(X) = E(X^2) - [E(X)]^2 = \dfrac{2}{3} - \left(\dfrac{4}{5}\right)^2 = \dfrac{2}{75}$ ……………… 2分

14. 解：(1) 因为 $0.1 + b + 0.2 + 0.1 + 0.2 + 0.1 = 1$，即 $0.7 + b = 1$，所以 $b = 0.3$. ……………………………………………………………………………… 1分

(2) X 的边缘分布律为

X	0	1	2
P	0.4	0.3	0.3

………………………… 3分

Y 的边缘分布律为

Y	0	1
P	0.5	0.5

………………… 3分

(3) 求 $Z = X + Y$ 的可能取值为 $0, 1, 2, 3$.
$P\{X + Y = 0\} = P\{X = 0, Y = 0\} = 0.1$,
$P\{X + Y = 1\} = P\{X = 0, Y = 1\} + P\{X = 1, Y = 0\} = 0.3 + 0.2 = 0.5$,
$P\{X + Y = 2\} = P\{X = 1, Y = 1\} + P\{X = 2, Y = 0\} = 0.1 + 0.2 = 0.3$,
$P\{X + Y = 3\} = P\{X = 2, Y = 1\} = 0.1$
$Z = X + Y$ 的分布律为

$X+Y$	0	1	2	3
P	0.1	0.5	0.3	0.1

………………… 3分

15. 解：因为 $X \sim N(110, 12^2)$，所以 $\dfrac{X - 110}{12} \sim N(0, 1)$. ………… 2分

(1) $P\{X < 104\} = P\left\{\dfrac{X - 110}{12} < -\dfrac{1}{2}\right\}$ …………………… 2分

$$= \Phi\left(-\frac{1}{2}\right) = 1 - \Phi\left(\frac{1}{2}\right) = 1 - 0.6915 = 0.3085 \quad \cdots\cdots\cdots\cdots\cdots 2\,\text{分}$$

(2) $P\{98 < X < 122\} = P\left\{-1 < \dfrac{X - 110}{12} < 1\right\}$ $\quad\cdots\cdots\cdots 2\,\text{分}$

$\quad\quad \Phi(1) - \Phi(-1) = 2\Phi(1) - 1 = 2 \times 0.8413 - 1 = 0.6826 \quad\cdots\cdots\cdots 2\,\text{分}$

16. 解: (1) X 的边缘概率密度 $f_X(x)$ 为:

当 $0 < x < 1$ 时, $f_X(x) = \displaystyle\int_{-\infty}^{+\infty} f(x, y)\,\mathrm{d}x = \int_0^1 6x^2 y\,\mathrm{d}y = 3x^2$ $\quad\cdots\cdots\cdots 2\,\text{分}$

所以 $f_X(x) = \begin{cases} 3x^2, & 0 < x < 1 \\ 0, & \text{其他} \end{cases}$ $\quad\cdots\cdots\cdots\cdots\cdots\cdots\cdots 2\,\text{分}$

Y 的边缘概率密度 $f_Y(y)$ 为

当 $0 < y < 1$ 时, $f_Y(y) = \displaystyle\int_{-\infty}^{+\infty} f(x, y)\,\mathrm{d}x = \int_0^1 6x^2 y\,\mathrm{d}x = 2y$, $\quad\cdots\cdots\cdots 2\,\text{分}$

所以 $f_Y(y) = \begin{cases} 2y, & 0 < y < 1 \\ 0, & \text{其他} \end{cases}$. $\quad\cdots\cdots\cdots\cdots\cdots\cdots\cdots 2\,\text{分}$

(2) 证明: 因为 $f(x, y) = f_X(x) \cdot f_Y(y)$, $\forall (x, y) \in \mathbb{R}^2$, $\quad\cdots\cdots\cdots 2\,\text{分}$
所以 X 与 Y 是相互独立的.

17. 解: (1) $E(X) = \displaystyle\int_0^1 x \cdot 3\theta x^{3\theta-1}\,\mathrm{d}x = \int_0^1 3\theta x^{3\theta}\,\mathrm{d}x = \dfrac{3\theta}{3\theta + 1}$ $\quad\cdots\cdots\cdots 2\,\text{分}$

用矩估计法, 令 $E(X) = \overline{X}$, 即 $\dfrac{3\theta}{3\theta + 1} = \overline{X}$, $\quad\cdots\cdots\cdots\cdots\cdots 2\,\text{分}$

解得 θ 的矩估计量为 $\hat{\theta} = \dfrac{1}{3} \dfrac{\overline{X}}{1 - \overline{X}}$ $\quad\cdots\cdots\cdots\cdots\cdots\cdots\cdots 1\,\text{分}$

(2) 似然函数 $L(\theta) = \displaystyle\prod_{i=1}^{n} f(x_i) = \prod_{i=1}^{n} 3\theta x_i^{3\theta-1} = 3^n \theta^n \left(\prod_{i=1}^{n} x_i\right)^{3\theta-1}$. $\quad\cdots\cdots\cdots 2\,\text{分}$

取对数, 得 $\ln L(\theta) = n\ln 3 + n\ln \theta + (3\theta - 1)\displaystyle\sum_{i=1}^{n} \ln x_i$,

关于 θ 求导并令导数为 0, 即 $\dfrac{\mathrm{d}\ln L(\theta)}{\mathrm{d}\theta} = \dfrac{n}{\theta} + 3\displaystyle\sum_{i=1}^{n} \ln x_i = 0$, $\quad\cdots\cdots\cdots 2\,\text{分}$

解得 $\hat{\theta} = -\dfrac{1}{\dfrac{3}{n}\displaystyle\sum_{i=1}^{n} \ln x_i}$, 即 θ 的最大似然估计量为 $\hat{\theta} = -\dfrac{1}{\dfrac{3}{n}\displaystyle\sum_{i=1}^{n} \ln X_i}$. $\quad\cdots\cdots\cdots 1\,\text{分}$

概率论与数理统计试卷 D 卷

一、填空题 (每题 3 分, 共 15 分)

1. 0.9   2. $\dfrac{1}{4}$ 3. $\Phi(1)$;   4. 3   5. 24

二、计算题 (6~10 题每题 8 分，11~15 题每题 9 分)

6. （1）因 $A_1A_2A_3 \subseteq A_2A_3$，则 $0 \leqslant P(A_1A_2A_3) \leqslant P(A_2A_3) = 0$，即 $P(A_2A_2A_3) = 0$.

·· 2 分

（2）$P(\overline{A}_1 \cap \overline{A}_2 \cap \overline{A}_3) = 1 - P(\overline{\overline{A}_1 \cap \overline{A}_2 \cap \overline{A}_3}) = 1 - P(\overline{\overline{A}}_1 \cap \overline{\overline{A}}_2 \cap \overline{\overline{A}}_3) = 1 - P(A_1 \cup A_2 \cup A_3)$，·· 4 分

$P(A_1 \cup A_2 \cup A_3) = P(A_1) + P(A_2) + P(A_3) - P(A_1A_2) - P(A_2A_3) - P(A_1A_3) + P(A_1A_2A_3) = 0.1 + 0.2 + 0.15 - 0.05 - 0 - 0 + 0 = 0.4$，·············· 6 分

则 $P(\overline{A}_1 \cap \overline{A}_2 \cap \overline{A}_3) = 1 - P(A_1 \cup A_2 \cup U_3) = 1 - 0.4 = 0.6$. ············· 8 分

7. （1）依题意，$P\{X = i\} = \dfrac{1}{5}$，$i = 1, 2, 3, 4, 5$. ························· 2 分

（2）$P\{Y = 3 \mid X = 1\} = 0$，$P\{Y = 3 \mid X = 2\} = 0$，$P\{Y = 3 \mid X = 3\} = \dfrac{1}{3}$，$P\{Y = 3 \mid X = 4\} = \dfrac{1}{4}$，$P\{Y = 3 \mid X = 5\} = \dfrac{1}{5}$，由全概率公式可知 ············· 5 分

$P\{Y = 3\} = \displaystyle\sum_{i=1}^{5} P\{X = i\} \cdot P\{Y = 3 \mid X = i\} = \dfrac{1}{5} \times \dfrac{1}{3} + \dfrac{1}{5} \times \dfrac{1}{4} + \dfrac{1}{5} \times \dfrac{1}{5} = \dfrac{1}{5} \times \left(\dfrac{1}{3} + \dfrac{1}{4} + \dfrac{1}{5}\right) = \dfrac{47}{300}$. ························· 8 分

8. （1）依题意，因为 $E(X) = 0$，则 $E(X) = -3 \times \dfrac{1}{3} + 1 \times a + 3 \times b = a + 3b - 1$，而 $E(X^2) = (-3)^2 \times \dfrac{1}{3} + 1^2 \times a + 3^2 \times b = 3 + a + 9b$，则 $D(X) = E(X^2) - E^2(X) = 5$，·············· 3 分

即 $a + 9b + 3 - (a + 3b - 1)^2 = 5$，又 $\dfrac{1}{3} + a + b = 1$，即 $a + b = \dfrac{2}{3}$，联立解得 $a = \dfrac{1}{2}$，$b = \dfrac{1}{6}$ 或 $a = -\dfrac{3}{2}$，$b = \dfrac{13}{6}$（舍去）；·························· 6 分

（2）$E(X) = -3 \times \dfrac{1}{3} + 1 \times a + 3 \times b = a + 3b - 1 = \dfrac{1}{2} + 3 \times \dfrac{1}{6} - 1 = 0$ ···8 分

9. 依题意，若 $Y = a(X_3 - 2X_2)^2 + b(3X_1 - 4X_4)^2 \sim \chi^2(2)$，则 $\sqrt{a}(X_3 - 2X_2) \sim N(0, 1)$，$\sqrt{b}(3X_1 - 4X_4) \sim N(0, 1)$，所以 ·············· 2 分

$D[\sqrt{a}(X_3 - 2X_2)] = a[D(X_3) + D(-2X_2)] = a[D(X_3) + 4D(X_2)]$

$= a[D(X) + 4D(X)] = 5aD(X) = 20a = 1$，解得 $a = \dfrac{1}{20}$，同理 ·············· 5 分

$D[\sqrt{b}(3X_1 - 4X_4)] = b[9D(X_1) + 16D(X_4)] = b[9D(X) + 16D(X)]$

$= b \times 25D(X) = 100b = 1$，解得 $b = \dfrac{1}{100}$，故 $a = \dfrac{1}{20}$，$b = \dfrac{1}{100}$ ·············· 8 分

10. （1）依题意，$P\{X = 1\} = \dfrac{4 \times 3 \times 2}{4^3} = \dfrac{3}{8}$，$P\{X = 2\} = \dfrac{C_3^2 \times 4 \times 3}{4^3} = \dfrac{9}{16}$，$P\{X = 3\} =$

$\dfrac{C_3^3 \times 4}{4^3} = \dfrac{1}{16}$，则 X 的分布律为

X	1	2	3
p_i	$\dfrac{3}{8}$	$\dfrac{9}{16}$	$\dfrac{1}{16}$

.... 3 分

（2）$E(X) = 1 \times \dfrac{3}{8} + 2 \times \dfrac{9}{16} + 3 \times \dfrac{1}{16} = \dfrac{27}{16}$，$E(X^2) = 1^2 \times \dfrac{3}{8} + 2^2 \times \dfrac{9}{16} + 3^2 \times \dfrac{1}{16} = \dfrac{51}{16}$，

则 $D(X) = E(X^2) - E^2(X) = \dfrac{51}{16} - \left(\dfrac{27}{16}\right)^2 = \dfrac{51 \times 16 - 27^2}{16^2} = \dfrac{87}{256}$ .... 6 分

（3）$Y = 2X + 1$ 的分布律为

Y	3	5	7
p_i	$\dfrac{3}{8}$	$\dfrac{9}{16}$	$\dfrac{1}{16}$

.... 8 分

11. （1）$E(X) = \displaystyle\int_{-\infty}^{+\infty} xf(x)\,\mathrm{d}x = \int_0^{+\infty} x\lambda^2 x\mathrm{e}^{-\lambda x}\,\mathrm{d}x = \int_0^{+\infty} (x\lambda)^2 \mathrm{e}^{-\lambda x} \underset{\text{令 } t = \lambda x}{=\!=\!=} \int_0^{+\infty} t^2 \mathrm{e}^{-t} \dfrac{1}{\lambda}\,\mathrm{d}t$

$= \dfrac{1}{\lambda}\displaystyle\int_0^{+\infty} t^2 \mathrm{e}^{-t}\,\mathrm{d}t = -\dfrac{1}{\lambda}\int_0^{+\infty} t^2\,\mathrm{d}\mathrm{e}^{-t} = -\dfrac{1}{\lambda}\left[t^2 \mathrm{e}^{-t} \Big|_0^{+\infty} - 2\int_0^{+\infty} t\mathrm{e}^{-t}\,\mathrm{d}t \right]$

$= \dfrac{2}{\lambda}\displaystyle\int_0^{+\infty} t\mathrm{e}^{-t}\,\mathrm{d}t = -\dfrac{2}{\lambda}\int_0^{+\infty} t\,\mathrm{d}\mathrm{e}^{-t} = -\dfrac{2}{\lambda}\left[t\mathrm{e}^{-t} \Big|_0^{+\infty} - \int_0^{+\infty} \mathrm{e}^{-t}\,\mathrm{d}t \right]$

$= -\dfrac{2}{\lambda}\mathrm{e}^{-t} \Big|_0^{+\infty} = -\dfrac{2}{\lambda}[0 - 1] = \dfrac{2}{\lambda}$ ...... 3 分

由矩法的思想，令 $E(X) = \dfrac{2}{\lambda} = \overline{X}$，解得 $\hat{\lambda} = \dfrac{2}{\overline{X}}$，即 λ 的一阶矩估计量为 $\hat{\lambda} = $

$\dfrac{2}{\overline{X}}$；.. 5 分

由最大似然估计思想知，似然函数 $L(\lambda) = \displaystyle\prod_{i=1}^{n} \lambda^2 x_i \mathrm{e}^{-\lambda x_i} = (\lambda)^{2n}\left(\prod_{i=1}^{n} x_i\right)\mathrm{e}^{-\lambda \sum\limits_{i=1}^{n} x_i}$，取对

数有 $\ln L(\lambda) = 2n\ln\lambda - \lambda\displaystyle\sum_{i=1}^{n} x_i + \ln\left(\prod_{i=1}^{n} x_i\right) 2n\ln\lambda - \lambda\sum_{i=1}^{n} x_i + \sum_{i=1}^{n} \ln x_i$，............ 7 分

令 $\dfrac{\mathrm{d}\ln L(\lambda)}{\mathrm{d}\lambda} = \dfrac{2n}{\lambda} - \displaystyle\sum_{i=1}^{n} x_i = 0$，解得 $\widetilde{\lambda} = \dfrac{2}{\overline{x}}$，故 λ 的最大似然估计量 $\widetilde{\lambda} = \dfrac{2}{\overline{X}}$. ⋯ （9 分）

12. （1）依题意，设每题的得分为 $X_i = \begin{cases} 1, & \text{第 } i \text{ 题正确} \\ 0, & \text{第 } i \text{ 题错误} \end{cases}$，$i = 1, 2, \cdots, 100$，

且 $E(X_i) = \dfrac{1}{4}$，$D(X_i) = \dfrac{1}{4} \times \dfrac{3}{4} = \dfrac{3}{16}$，.. 2 分

而 100 道题的总得分 $X = \sum_{i=1}^{100} X_i$，$X \sim B(100, 0.25)$，则 X 的分布律为 $P\{X = k\} = C_{100}^k (0.25)^k (0.75)^{100-k}$，$k = 0, 1, 2, \cdots, 100$；$\cdots\cdots\cdots\cdots\cdots\cdots$ 4 分

（2）因 $E(X) = np = 100 \times 0.25 = 25$，$D(X) = np(1-p) = 100 \times 0.25 \times 0.75 = \dfrac{75}{4}$，根据中心极限定理，则 $\cdots\cdots\cdots\cdots\cdots\cdots\cdots\cdots\cdots\cdots\cdots\cdots\cdots$ 6 分

$$P\{X \geqslant 40\} = P\{X - 25 \geqslant 40 - 25\} = P\left(\dfrac{X - 25}{\sqrt{\dfrac{75}{4}}} \geqslant \dfrac{40 - 25}{\sqrt{\dfrac{75}{4}}}\right) = 1 - P\left(\dfrac{X - 25}{\sqrt{\dfrac{75}{4}}} < \dfrac{40 - 25}{\sqrt{\dfrac{75}{4}}}\right)$$

$= 1 - \Phi(2\sqrt{3}) \approx 1 - \Phi(3.5) = 1 - 0.9998 = 0.0002.$ $\cdots\cdots\cdots\cdots\cdots$ 9 分

13.（1）依题意，因为 $E(X) = 1$，$E(Y) = 1$，$D(X) 2$，$D(Y) = 2$，则
$E(U) = E(X + 2Y) = E(X) + E(2Y) = E(X) + 2E(Y) = 1 + 2 \times 1 = 3$，
$E(V) = E(X - 2Y) = E(X) - E(2Y) = E(X) - 2E(Y) = 1 - 2 \times 1 = -1$，而
$E(UV) = E[(E + 2Y)(X - 2Y)] = E(X^2 - 4Y^2) = E(X^2) - 4E(Y^2)$
$= [D(X) + E^2(X)] - 4[D(Y) + E^2(Y)] = [2 + 1^2] - 4[2 + 1^2] = -9$；$\quad\cdots$3 分

（2）因为 $\rho_{XY} = \dfrac{1}{4} = \dfrac{\mathrm{Cov}(X, Y)}{\sqrt{D(X)}\,\sqrt{D(Y)}}$，则

$\mathrm{Cov}(X, Y) = \rho_{XY}\sqrt{D(X)}\,\sqrt{D(Y)} = \dfrac{1}{4}\sqrt{D(X)}\,\sqrt{D(Y)} = \dfrac{1}{4} \times \sqrt{2} \times \sqrt{2} = \dfrac{1}{2}$，而

$\mathrm{Cov}(U, V) = \mathrm{Cov}(X + 2Y, X - 2Y) = \mathrm{Cov}(X, X) - 4\mathrm{Cov}(Y, Y) = D(X) - 4D(Y)$
$= 2 - 4 \times 2 = -6$

或 $\mathrm{Cov}(U, V) = E(UV) - E(U)E(V) = -9 - 3 \times (-1) = -6$；$\cdots\cdots\cdots\cdots$ 6 分

（3）$D(U) = D(X + 2Y) = D(X) + D(2Y) + 2\mathrm{Cov}(X, 2Y)$

$= D(X) + 4D(Y) + 4\mathrm{Cov}(X, Y) = 2 + 4 \times 2 + 4 \times \dfrac{1}{2} = 12$，

$D(V) = D(X - 2Y) = D(X) + D(-2Y) + 2\mathrm{Cov}(X, -2Y)$

$= D(X) + 4D(Y) - 4\mathrm{Cov}(X, Y) = 2 + 4 \times 2 - 4 \times \dfrac{1}{2} = 8$，即

$$\rho_{UV} = \dfrac{\mathrm{Cov}(U, V)}{\sqrt{D(U)}\,\sqrt{D(V)}} = \dfrac{-6}{\sqrt{12} \times \sqrt{8}} = -\dfrac{6}{4\sqrt{6}} = -\dfrac{\sqrt{6}}{4}.$$ $\cdots\cdots$ 9 分

14.（1）$E(Y) = \int_{-\infty}^{\infty} y f(y)\,\mathrm{d}y = \int_0^1 y \cdot 2y\,\mathrm{d}y = \dfrac{2}{3}$；$\cdots\cdots\cdots\cdots\cdots$ 2 分

（2）$P\{Y < E(Y)\} = P\left\{Y < \dfrac{2}{3}\right\} = \int_0^{\frac{2}{3}} 2y\,\mathrm{d}y = \dfrac{4}{9}$；$\cdots\cdots\cdots\cdots$ 4 分

（3）$\forall z \in Z$，$F_Z(z) = P\{Z \leqslant z\} = P\{X + Y \leqslant z\}$
$= P\{X = 0\} \cdot P\{Y \leqslant Z \mid X = 0\} + P\{X = 2\} \cdot P\{Y \leqslant z - 2 \mid X = 2\}$
$= \dfrac{1}{2} \cdot P\{Y \leqslant z \mid X = 0\} + \dfrac{1}{2} \cdot P\{Y \leqslant z - 2 \mid X = 2\}$，

又因为随机变量 X，Y 相互独立，则 $F_Z(z) = \dfrac{1}{2}P\{Y \leqslant z\} + \dfrac{1}{2}P\{Y \leqslant z - 2\}$，

$\cdots\cdots\cdots\cdots\cdots\cdots\cdots\cdots\cdots\cdots\cdots\cdots\cdots\cdots\cdots\cdots\cdots\cdots\cdots\cdots\cdots\cdots$ 6 分

① 当 $z < 0$ 时，$F_Z(z) = 0$；

② 当 $0 \leqslant z < 1$ 时，$F_Z(z) = \dfrac{1}{2}\displaystyle\int_0^z 2y\,\mathrm{d}y = \dfrac{z^2}{2}$；

③ 当 $1 \leqslant z < 2$ 时，$F_Z(z) = \dfrac{1}{2}\displaystyle\int_0^1 2y\,\mathrm{d}y = \dfrac{1}{2}$；

④ 当 $2 \leqslant z \leqslant 3$ 时，$F_Z(z) = \dfrac{1}{2}\displaystyle\int_0^1 2y\,\mathrm{d}y + \dfrac{1}{2}\displaystyle\int_0^{z-2} 2y\,\mathrm{d}y = \dfrac{1}{2} + \dfrac{1}{2}(z - 2)^2$；

⑤ 当 $z \geqslant 3$ 时，$F_Z(z) = \dfrac{1}{2} + \dfrac{1}{2} = 1$；$\cdots\cdots\cdots\cdots\cdots\cdots\cdots\cdots\cdots$ 9 分

综上，则 $Z = X + Y$ 的概率密度 $f_Z(z) = \begin{cases} z, & 0 \leqslant z < 1 \\ z - 2, & 2 \leqslant z < 3. \\ 0, & \text{其他} \end{cases}$

15. 依题意，样本容量 $n = 25$，$\bar{x} = 170$ 元，$S = 30$ 元，因为 $\bar{X} \sim N\left(\mu, \dfrac{\sigma^2}{n}\right)\dfrac{(n-1)S^2}{\sigma^2}$

$\sim \chi^2(n - 1)$，且 $\bar{X}$ 与 S^2 相互独立，则 $\dfrac{\bar{X} - \mu}{S/\sqrt{n}} \sim t(n - 1)$，$\cdots\cdots\cdots\cdots\cdots\cdots$ 3 分

因此 $P\left\{\left|\dfrac{\bar{X} - \mu}{S/\sqrt{n}}\right| < t_{\frac{\alpha}{2}}(n - 1)\right\} = 1 - \alpha = 0.95$，因为 $\alpha = 1 - 0.95 = 0.05$，则 $\dfrac{\alpha}{2} = 0.025$，

查表知 $t_{0.025}(25 - 1) = t_{0.025}(24) = 2.0639$，$\cdots\cdots\cdots\cdots\cdots\cdots\cdots\cdots$ 6 分

则 $S/\sqrt{n} \cdot t_{\frac{\alpha}{2}}(n - 1) \approx \dfrac{30}{\sqrt{25}} \times 2.0639 = 12.384$，所以

$\bar{x} + S/\sqrt{n} \cdot t_{\frac{\alpha}{2}}(n - 1) \approx 170 + \dfrac{30}{\sqrt{25}} \times 2.0639 = 170 + 12.3839 \approx 182.38$，且

$\bar{x} - S/\sqrt{n} \cdot t_{\frac{\alpha}{2}}(n - 1) \approx 170 - \dfrac{30}{\sqrt{25}} \times 2.0639 = 170 - 12.3834 \approx 157.65$，

综上，职工每天医疗费均值 μ 的置信水平为 $1 - \alpha = 0.95$ 的双侧置信区间为（157.65，182.38）．$\cdots\cdots\cdots\cdots\cdots\cdots\cdots\cdots\cdots\cdots\cdots\cdots\cdots\cdots\cdots\cdots$ 9 分